이은경쌤의

초등어휘일력 365

포레스트북스

이 은 경

　　　　15년간 초등 아이들을 가르쳤던 교사이자 중등, 초등인 두 아들을 키우는 엄마로서 20년 가까이 쌓아온 교육 정보와 경험을 나누기 위해 글을 쓰고 강연을 한다. 지난 4년간 초등공부, 학교생활, 부모성장을 주제로 한 강연을 유튜브와 네이버 오디오 클럽에 공유해온 덕분에 초등 엄마들의 든든한 멘토가 되었다. 현재 '슬기로운초등생활'이라는 이름의 유튜브 채널은 누적 조회 수 1,300만 회를 돌파하며, 초등 교육 대표 콘텐츠로서의 자리를 확고히 했다.

그간 지은 책으로는《어린이를 위한 초등 매일 글쓰기의 힘》《이은경쌤의 초등영어회화 일력 365》《초등 자기주도 공부법》《초등 매일 공부의 힘》등 30권이 있다.

· 유튜브 채널 ┃ **슬기로운초등생활, 매생이클럽**
· 네이버 카페, 포스트, 오디오클립 ┃ **슬기로운초등생활**
· 인스타그램 ┃ **lee.eun.kyung.1221**

깊고 넓고 즐거운
책 읽기를 꿈꾸며

초등 시기에는 독서만큼 중요한 게 없다고 해도, 전혀 지나치지 않을 만큼 책은 우리에게 많은 유익을 가져다줄 열쇠랍니다. 하지만 안타깝게도 좋은 책을 만나도 그 책에 마음을 붙이지 못하는 친구들이 점점 더 늘어나고 있어요. 읽고 싶은데, 읽을 수가 없어요. 무슨 말이냐면요, 주인공이 간절히 바라던 첫사랑이 이루어지는지, 결국 어떻게 마무리되는지 너무 궁금한데, 아쉽게도 뜻 모를 단어가 자꾸 툭툭 튀어나와 우리 친구들을 곤란하게 만들어요. 읽고 싶은데 더 읽을 수가 없어요.

그래서 책과 친구가 되고 싶은 초등 친구들을 위한 어휘들을 따뜻한 응원의 메시지와 함께 준비했습니다. 문제집 속, 교과서 속 지루하고 평범하게 지나쳤을 어휘들을 우리 친구들이 읽어봤을, 읽어봤으면 싶은 문학 작품 속에서 찾아내어 봤어요. 어휘 하나만 알고 끝나지 않도록 어원, 유의어, 반의어, 예문을 함께 담아드립니다.

이은경쌤의 초등어휘일력 365

초판 1쇄 발행 2022년 10월 28일
초판 35쇄 발행 2024년 10월 2일

지은이 이은경
펴낸이 김선준

편집본부장 서선행(sun@forestbooks.co.kr)
편집2팀 배윤주, 유채원 **디자인** 엄채선 **일러스트** 김해선
마케팅팀 권두리, 이진규, 신동빈
홍보팀 조아란, 장태수, 이은정, 권희, 유준상, 박미정, 이건희, 박지훈
경영지원 송현주, 권송이, 정수연

펴낸곳 ㈜콘텐츠그룹 포레스트 **출판등록** 2021년 4월 16일 제2021-000079호
주소 서울시 영등포구 여의대로 108 파크원타워1 28층
전화 02) 332-5855 **팩스** 070) 4170-4865
홈페이지 www.forestbooks.co.kr
종이 (주)월드페이퍼 **인쇄·제본** 한영문화사

ISBN 979-11-92625-30-0 (12590)

㈜콘텐츠그룹 포레스트는 독자 여러분의 책에 관한 아이디어와 원고 투고를 기다리고 있습니다. 책 출간을 원하시는 분은 이메일 writer@forestbooks.co.kr로 간단한 개요와 취지, 연락처 등을 보내주세요. '독자의 꿈이 이뤄지는 숲, 포레스트'에서 작가의 꿈을 이루세요.

문학 작품 속에 빈번히 등장하지만, 일상에서는 그냥 스쳐 지나쳤을 중요한 어휘들을 하나씩 내 것으로 만드는 것만으로도 우리 친구들이 책과 친해질 가능성은 부쩍 높아질 거예요. 책이 어렵고 지루하게 느껴진다면 책 속 어휘들과 먼저 친구가 되어보세요. 그리고 다시, 놓았던 책을 잡아보았으면 해요. 책은 언제나 우리 친구들을 기다리고 있고, 따뜻하고 편안하게 맞아줄 테니까요. 우리 친구들이 걸어갈 책의 길을 두 손 모아 응원합니다.

이은경 드림

12월

31일

가쁘다

숨이 몹시 차다. 몹시 급하거나 빠르다

숨 가쁘게 달려온 1년, 어땠나요? 만족스러운가요? 아니라고요?
정말 다행스러운 것은 우리에게는 이제 내일부터 시작되는
새로운 1년이 기다리고 있다는 사실이에요.
새로운 1년을 기대하며, 새해 복 많이 받으세요!

예문

나는 마구 사들이기 시작했다. 언덕 위에 있는 집을 샀고 자동차도 사들였다.
주식 투자를 하고 재산을 불려 나갔다. 내 삶은 기어를 5단에 놓고
달리는 것 같았고 모든 일이 숨 가쁘게 돌아갔다. 난 미친 듯이 일했다.
출처: 《모리와 함께한 화요일》, 미치 앨봄, 살림출판사

비슷한 어휘

숨차다: (사람이) 숨을 쉬기가 어려울 정도로 숨이 가쁜 상태에 있다.

관용구 알기

숨 가쁘다: (어떠한 일이나 상황이) 급박한 상태에 있다.

1월

교과서
수록 도서!

30일

코앞

코의 바로 앞이라는 뜻으로,
곧 닥칠 미래를 비유적으로 이르는 말

새해가 코앞으로 다가오고 있어요. 날짜가 이렇게 빨리 흐르다니,
실감이 나지 않네요! 우리 친구들은 올 한 해,
어떤 기억에 남는 좋은 일이 있었나요? 힘들었던 일은요?
모두 다 잘 마무리하고 코앞으로 다가온 새해를 즐기길 바라요.

예문

운동회가 코앞으로 다가왔지만
기찬이는 멀찍이 앉아 물끄러미 친구들을 쳐다봤어요.

출처: 《꼴찌라도 괜찮아》, 유계영, 휴이넘

**비슷한
어휘**

목전, 눈앞: 아주 가까운 상태.

**관용구
알기**

코앞도 보지 못하다: (사람이) 바로 앞에 닥친 미래도 예측하지 못하다.

1일

실현되다

꿈, 기대 따위가 실제로 이루어지다

오늘은 새해 첫날! 실현하고 싶은 간절한 꿈은 무엇인가요?
올 한 해는 꿈을 꾸기만 하는 것이 아니라 그 꿈을 기필코 실현해내는
멋지고 힘찬 시간으로 만들어보기로 해요.
생각만 해도 벌써 벅차오르는 것 같아요!

예문

조는 그 소망의 행복한 실현을 향해
이제 막 첫걸음을 내디딘 기분이었다.

출처:《작은 아씨들》, 루이자 메이 올컷. 윌북

**비슷한
어휘**

관철되다 : 어려움에도 꺾이지 않고 목적이 기어이 이루어지다.
달성되다 : 목적한 것이 이루어지다.

**헷갈리는
표현**

'실천'은 '생각한 바를 실제로 행함'이라는 뜻이고, '실현'은 '꿈, 기대 따위를 실제로
이룸'이라는 뜻으로, '실천'은 '행함'에, '실현'은 '이룸'에 초점이 있습니다.

29일

노곤하다

나른하고 피로하다

학교를 마치고 학원까지 끝내고 나면 온몸이 노곤해지죠?
그럴 때 집에 들어갔는데 맛있는 반찬이 가득한 식탁을 보면
마음이 따뜻해지고 힘이 나는 것 같아요. 가족은 우리에게 그런 존재랍니다.

예문

'일어나서 일을 해야 긴데……'
하지만 몸이 무겁고 의식이 노곤하게 풀어져서 봉순네는
몸을 일으킬 수 없었다.

출처: 《토지》, 박경리, 마로니에북스

**비슷한
어휘**

피곤하다: 몸이나 마음이 지치어 고달프다.
고단하다: 몸이 지쳐서 나른하다.

**헷갈리는
표현**

노근하다: '노곤하다'가 올바른 표준어입니다.

1월

2일

길들이다

어떤 일에 익숙하게 하다

새로운 꿈을 꾸기 위해서는 새로운 습관이 필요해요.
그 습관을 내 일상으로 가져와 길들이는 건 제법 까다로운 일이라 포기하고 싶어지죠.
그럴 땐 '가랑비에 옷 젖는다'는 속담을 떠올려보세요.
매일 비슷한 속도로 반복하다 보면 어느새 새로운 습관에 길들여진 나를 만나게 되거든요.

예문

"아니야, 난 친구를 찾고 있어. 그런데 길들인다는 게 뭐야?"
어린 왕자가 다시 물었어요. 드디어 여우가 대답했어요.
"길들인다는 건 관계를 만드는 거야."
출처: 《어린 왕자》, 생텍쥐페리

비슷한 어휘

순양하다: 짐승 따위를 길을 들여 기르다.
교요하다: 짐승을 가르치어 길들이다.

옛말 알기

길드리다, 질드리다: '길들이다'의 옛말.

28일

공들이다

어떤 일을 이루는 데 정성과 노력을 많이 들이다

우리의 일상은 공들인 만큼 반짝반짝 빛이 나지요.
내가 좋아하는 우리 집의 거실, 내 책상, 내 침대를
공들여 정리하고 포근하게 만들어보세요.
그렇게 공들인 공간에서 공들여 고른 책을 읽으며 뒹굴뒹굴해보세요.

예문

나는 또 읽었다. 그 부분부터, 현실하고 다른 일을 상상해본 적이
한 번도 없었다는 마릴라 아주머니의 말에 앤이 긴 한숨을 쉬며,
정말 이해할 수 없다고 탄식하는 장면까지를,
천천히 공들여 읽었다.

출처: 《작별인사》, 김영하, 복복서가

비슷한 어휘

노력하다 : 목적을 이루기 위하여 몸과 마음을 다하여 애를 쓰다.
애쓰다 : 마음과 힘을 다하여 무엇을 이루려고 힘쓰다.

1월

3일

운수

이미 정해져 있어 인간의 힘으로는 어쩔 수 없는 천운과 기수

뭘 해도 술술 잘 풀리는 운수가 좋은 날이 있어요.
신기할 만큼 운수가 좋은 날이죠. 우리의 매일이 그런 날일 수는 없겠지만,
친구들에게 오늘이 마침 딱 '운수 좋은 날'이었으면 좋겠어요.

예문

"설렁탕을 사다놓았는데 왜 먹지를 못하니, 왜 먹지를 못하니…….
괴상하게도 오늘은! 운수가, 좋더니만……."
출처:《운수 좋은 날》, 현진건, 삼성출판사

비슷한 어휘

운명: 인간을 포함한 모든 것을 지배하는 초인간적인 힘. 또는 그것에 의하여 이미 정해져 있는 목숨이나 처지.
운세: 운명이나 운수가 닥쳐오는 기세.

속담 알기

운수가 사나우면 짖던 개도 안 짖는다: 운수가 나쁘면 모든 것이 제대로 되지 않음을 비유적으로 이르는 말.

27일

정중히

태도나 분위기가 점잖고 엄숙하게

내가 정말 잘못했다고 생각하는 미안한 일을 사과할 때는 정중해야 해요.
아무리 미안한 마음이 가득하다 해도 그 태도에서 정중함이 느껴지지 않으면
사과를 받는 사람은 진심으로 느끼지 못할 수 있거든요.

예문

각 반에서 두 명이 전교 회장 후보로 나가야 하는데
우리 반에서 한 명은 내가 꼭 나가야 한다고 했다. 내가 전교생에게
인기가 많다는 게 이유라고 했다. 정중히 사양했지만 소용없었다.

출처: 《수상한 화장실》, 박현숙, 북멘토

**비슷한
어휘**

점잖이: 의젓하고 신중한 언행이나 태도로.
깍듯이: 분명하게 예의범절을 갖추는 태도로.

**반대말
어휘**

무례히: 태도나 말에 예의가 없게.

4일

복제

본디의 것과 똑같은 것을 만듦. 또는 그렇게 만든 것

유명하고 사람이 북적이는 미술 전시회에 가본 적 있나요?
전시된 수많은 작품 중에는 진품도 있고 복제품도 있어요.
이왕이면 진품을 보면 좋겠지만, 때로 복제품을 보면서도 감탄하죠.
와, 어쩜 이렇게 똑같지!

예문

그렇다. 나는 남들 다 흘리는 눈물도 안 나오는 바보,
복제인간 윤봉구다.

출처: 《복제인간 윤봉구》, 임은하, 비룡소

비슷한 어휘

복사: 원본을 베낌.
카피: 문서나 그림, 사진 따위를 복사기를 이용하여 같은 크기로, 또는 확대·축소하여 복제함.

한자어 알기

복제물: 본디의 것과 똑같게 본떠 만든 물건.
복제기: 본래의 것과 똑같이 본떠 만들 수 있는 기계.

26일

쏜살같다

쏜 화살과 같이 매우 빠르다

올해를 시작한 지 얼마 되지 않은 것 같은데
시간이 쏜살같이 흘러 벌써 올해가 5일밖에 남지 않았어요!
5일마저도 쏜살같이 지나갈 것 같아서 조바심이 나네요.
우리 친구들은 얼마 남지 않은 올해의 마지막을 어떻게 보내고 있나요?

예문

양철 나무꾼이 외치자 나머지 친구들이 쏜살같이 나무 밑을 빠져 나왔다.
다행히도 숲 속에 있는 다른 나무들은 그들을 괴롭히지 않았다.
출처: 《오즈의 마법사》, L. 프랭크 바움, 미래엔아이세움

**비슷한
어휘**

빠르다: 어떤 동작을 하는 데 걸리는 시간이 짧다.
신속하다: 매우 날쌔고 빠르다.

**반대말
어휘**

느릿느릿하다: 동작이 재지 못하고 매우 느리다.

교과서
수록 도서!

1월

5일

수선스럽다

정신이 어지럽게 떠들어 대는 듯하다

마음이 수선스러운 날이 있어요. 할 일이 너무 많아서 한숨이 나올 때도 그렇고,
친구에게 서운한 말을 들었을 때도 그래요. '모든 일은 마음먹기 달렸다'는 말
들어본 적 있나요? 마음이 수선스럽게 느껴질 때는 천천히 심호흡을 해보세요.
기분이 훨씬 나아질 거예요.

예문

오랫동안 비어 있던 터라,
암자는 한동안 도망가는 산짐승들의 발소리로 수선스러웠다.
출처: 《오세암》, 정채봉, 샘터

**비슷한
어휘**

번거롭다: 조용하지 못하고 좀 수선스러운 데가 있다.
시끄럽다: 듣기 싫게 떠들썩하다.

**반대말
어휘**

조용하다: 아무런 소리도 들리지 않고 고요하다. 말이나 행동, 성격 따위가 수선스
럽지 않고 매우 얌전하다.
잔잔하다: 분위기가 고요하고 평화롭다.

25일

근엄하다

점잖고 엄숙하다

오늘은 일 년 중 가장 밝고 즐거운 하루가 될 크리스마스예요!
근엄한 것과는 가장 거리가 먼 날이기도 하겠네요.
오늘 하루는 근엄한 할아버지와 아빠도 아이처럼 웃고 떠드는
행복한 하루가 되었으면 좋겠네요.

예문

막심은 또박또박 얘기하고 있는 페니를 멍하니 쳐다보다가
니콜라스가 갑자기 지목하자 사레가 들려서 한참을 켁켁거렸다.
그는 겨우 진정하고 목소리를 근엄하게 깔고 말했다.

출처: 《달러구트의 꿈 백화점》, 이미예, 팩토리나인

비슷한 어휘

점잖다: 언행이나 태도가 의젓하고 신중하다.
엄숙하다: 분위기나 의식 따위가 장엄하고 정숙하다.

반대말 어휘

촐랑대다: 가볍고 경망스럽게 자꾸 까불다.
경망스럽다: 행동이나 말이 가볍고 조심성 없는 데가 있다.

1월

6일

단잠

아주 달게 곤히 자는 잠

바쁘게 한 주를 보내고 나면 주말 오후의 단잠이 보약이에요.
잠을 통해 에너지를 충전하고 힘들었던 몸과 마음을 회복하는 시간을 꼭 가져보세요.
춥다고 웅크리지만 말고 단잠을 통해 개운해진 몸으로 산책해보세요.
무엇보다 건강이 최고랍니다.

예문

그러다가 피곤해지면
소년은 나무 그늘에서 단잠을 자기도 했지요.

출처:《아낌없이 주는 나무》, 쉘 실버스타인, 시공주니어

비슷한 어휘

감면: 아주 달게 곤히 자는 잠
숙면: 잠이 깊이 듦. 또는 그 잠.

12월

24일

애원하다

소원이나 요구 따위를 들어달라고
애처롭게 사정하여 간절히 바라다

아무리 애원해도 들어주지 않는 소원이 있나요?
그 소원을 이루기 위해 어떤 노력을 더 해야 할까요?
혹시 이번 성탄절에는 산타 할아버지께서 그 소원을 이뤄주실까요?

예문 아이의 눈빛은 제발 용서해 달라고 애원하고 있었다.

비슷한 어휘 사정사정하다: 남에게 자신의 딱한 일의 형편이나 까닭을 간곡히 하소연하거나 빌다.
빌다: 바라는 바를 이루게 하여 달라고 신이나 사람, 사물 따위에 간청하다.

관용구 알기 손이 발이 되도록 빌다: (사람이) 허물이나 잘못을 용서하여 달라고 몹시 애원하다.

7일

섭섭하다

서운하고 아쉽다. 기대에 어그러져 마음이 서운하고 불만스럽다

친구에게 섭섭한 일이 있었던 날, 그 마음을 어떻게 다스리나요?
아무 일도 없는 척 꼭꼭 숨겨버리거나, 남몰래 일기장에 적어놓은 적도 있을 거예요.
섭섭한 일이 있을 땐 나를 세상에서 가장 사랑하고 아끼고
응원하는 가족에게 툭 털어놓아 보세요. 그저 털어놓기만 했을 뿐인데
섭섭했던 마음이 훨씬 가벼워질 거예요.

예문

선생님은 정말로 섭섭하다고 하면서,
삐삐가 얌전하게 굴지 않은 것이 가장 섭섭하다고 말했다.
출처: 《내 이름은 삐삐 롱스타킹》, 아스트리드 린드그렌, 시공주니어

비슷한 어휘

안타깝다: 뜻대로 되지 아니하거나 보기에 딱하여 가슴 아프고 답답하다.
유감스럽다: 마음에 차지 아니하여 섭섭하거나 불만스러운 느낌이 남아 있는 듯하다.

헷갈리는 표현

애운하다, 섭하다: 특히 '섭하다'라는 표현을 사용하는 경우가 많으나 '섭섭하다'만 표준어입니다.

23일

무릅쓰다

힘들고 어려운 일을 참고 견디다

내가 꼭 하고 싶은 일을 하려다 보면 주변 사람들의 반대를 무릅써야 할 때가 있어요.
이렇게까지 반대하는데 굳이 해야 할까 망설여져요.
그럴 땐 한 호흡 쉬면서 찬찬히 고민해보는 시간을 가져보세요.

예문

아빠와 엄마의 비밀 이야기가 자꾸만 생각났어요.
카지가 오기 전에는 직접 요리를 했던 아빠. 모든 사람의 반대를 무릅쓰고
비밀리에 결혼한 엄마 아빠. 엄마, 엄마가 살아 있었다면 어땠을까요?

출처: 《밤의 일기》, 비에라 히라난다니, 다산기획

**비슷한
어휘**

인내하다: 괴로움이나 어려움을 참고 견디다.
각오하다: 앞으로 해야 할 일이나 겪을 일에 대한 마음의 준비를 하다.

**헷갈리는
표현**

무릅쓰다: '무릅쓰다'라는 표현을 '무릎쓰다'로 사용하는 경우가 있으나 잘못된 표현입니다.

1월

8일

심드렁하다

마음에 탐탁하지 아니하여서 관심이 거의 없다

같이 놀고 싶어 용기 내어 친구에게 말을 건넸는데 친구의 반응이 심드렁하면 맥이 빠지죠.
친구는 지금 나랑 놀고 싶지 않은가 봐요. 물론, 그럴 수 있다는 건 이해하지만
그렇게 심드렁한 말투는 서운한걸요. 그렇다면 어쩔 수 없지,
또 다른 친구를 찾아 나서는 수밖에!

예문

"그렇군, 꿈에 대한 생각은 그게 전부인가?"
달러구트가 심드렁하게 물었다.

출처: 《달러구트의 꿈 백화점》, 이미예, 팩토리나인

비슷한 어휘

마뜩잖다: 마음에 들 만하지 아니하다.
무관심하다: 관심이나 흥미가 없다.

반대말 어휘

탐탁하다: 모양이나 태도, 또는 어떤 일 따위가 마음에 들어 만족하다.
관심을 기울이다: 어떤 것에 마음이 끌려 주의를 기울이다.

12월

22일

닭달하다

남을 단단히 옥박질러서 혼을 내다

때로 부모님께서 공부 때문에 닦달하실 때가 있어요.
'조금 더 많이 해라, 조금 더 잘 해라, 조금 더 집중해서 해라,
조금 더 빠르게 해라' 등등 말이죠. 서운하고 억울한 마음이 들겠지만
부모님께서 왜 이런 닦달을 하시는지 누구보다 우리 친구들이 잘 알고 있죠?

예문

"1등이라는 타이틀, 일류의 삶의 방식에 성공한 삶이라는 정답이 있는 것처럼
매 순간 모두를 닦달하는 것 같아요. 우리나라는 단 한 번도 넘어지지 않고
걸음마를 배우기를 기대하는 사회인 것 같기도 하고요⋯⋯."
출처: 《책들의 부엌》, 김지혜, 팩토리나인

**비슷한
어휘**

나무라다: 상대방의 잘못이나 부족한 점을 꼬집어 말하다.
들볶다: 까다롭게 굴거나 잔소리를 하거나 하여 남을 못살게 굴다.

**뜻풀이 속
어휘**

옥박지르다: 심하게 짓눌러 기를 꺾다.

9일

그럴싸하다

제법 그렇다고 여길 만하다. 제법 훌륭하다

내가 쓴 글을 보면서 '좀 그럴싸한데?'라고 으쓱할 때가 있어요.
그건 잘난 척이 아니라 뿌듯함이라고 생각해요.
열심히 노력해서 만족감을 느끼고 나면 또 다른 일에 도전하고 싶어진답니다.

예문

빈 판매대와 진열장을 벽 쪽으로 밀고, 창고에 있는 접이식 의자들을
가져와서 늘어놓았더니 꽤 그럴싸한 공간이 마련됐다.

출처: 《달러구트의 꿈 백화점》, 이미예, 팩토리나인

비슷한 어휘

근사하다: 그럴듯하게 괜찮다.
그럴듯하다: 제법 그렇다고 여길 만하다.

헷갈리는 표현

얼싸하다: '그럴싸하다'의 의미로 '얼싸하다'를 쓰는 경우가 있으나 '그럴싸하다'만
표준어로 삼습니다.

21일

이입하다

옮기어 들이다

책을 읽다가 너무 슬퍼서 눈물을 흘려본 적 있나요?
책 속 등장인물에게 감정을 이입했기 때문에 일어나는 일이에요.
그런 나 자신이 조금 멋지다는 생각도 들지 않나요?

예문

가슴 뛰는 삶을 살았던 사람을 만나고 그들의 고민과 선택과 행동에 깊이
감정을 이입했기 때문이죠. 그런 사람들을 계속 만나다 보면 좀 더
의미 있게 살기 위한 고민, 역사의 구경꾼으로 남지 않기 위한 고민을
할 수밖에 없지 않을까요?

출처: 《역사의 쓸모》, 최태성, 다산북스

**비슷한
어휘**

싣다: 다른 기운을 함께 품거나 띠다.
담다: 어떤 내용이나 사상을 그림, 글, 말, 표정 따위 속에 포함하거나 반영하다.

**반대말
어휘**

이출하다: 옮기어 나가다.

1월

교과서
수록 도서!

10일

침해하다

침범하여 해를 끼치다

아니, 세상에, 세상에! 무인 편의점에서 주인이 없다는 점을 악용해
먹을 것을 슬쩍 훔쳐 가는 사람의 숫자가 늘어나고 있대요.
다른 사람의 재산을 침해하는 것을 이렇게 아무렇지 않게 여기다니!
누군가 내 재산을 침해하면 참기 힘든 것처럼 다른 사람의 재산도 소중하게 여겨야 해요.

예문

나의 자유를 누리기 위해서 남의 자유를 침해한다면
거꾸로 남도 자신의 자유를 위해서 나의 자유를 침해할 것입니다.

출처: 《자유가 뭐예요?》, 오스카 브르니피에, 상수리

비슷한 어휘

침범하다: 남의 영토나 권리, 재산, 신분 따위를 침노하여 범하거나 해를 끼치다.
해치다: 어떤 상태에 손상을 입혀 망가지게 하다.

반대말 어휘

지키다: 재산, 이익, 안전 따위를 잃거나 침해당하지 아니하도록 보호하거나 감시
하여 막다.

12월

20일

오도카니

작은 사람이 넋이 나간 듯이 가만히 한자리에 서 있거나 앉아 있는 모양

오도카니 앉아 종일 나를 기다렸을 우리 집 강아지를 보면 사랑스러운 마음이 들죠?
우리 친구들을 바라보는 부모님의 마음도 딱 그래요.
그만큼 사랑하고, 사랑스러운 마음으로 가득하답니다.

 예문 그는 방 안에 혼자 오도카니 앉아 있었다.

비슷한 어휘 우두커니: 넋이 나간 듯이 가만히 한자리에 서 있거나 앉아 있는 모양.

헷갈리는 표현 '오두카니, 오두커니, 오두마니, 오두머니, 오도마니' 등 '오도카니'와 비슷한 표현을 사용하고 있지만 표준어는 '오도카니'입니다.

11일

허영

자기 분수에 넘치고 실속이 없이 겉모습뿐인 영화 또는 필요 이상의 겉치레

친구들에게 자랑하고 싶어서 예쁜 옷이나 비싼 물건을 가지고 싶은 허영심이 들어요.
친구들이 그런 나를 부러워하기 시작하면 말할 수 없이 짜릿한 기분이 들거든요.
하지만 자기 분수에 넘치고 실속이 없어 겉모습뿐인 허영은
주변 사람들의 눈살을 찌푸리게 만들기도 한다는 점, 꼭 기억하세요!

예문

쓸데없는 욕심인지 되잖은 허영인지 알 수는 없지만 언젠가는 읽고 싶어서,
그냥 가지고 있는 것만으로도 좋아서 책이 갖고 싶었다.

출처: 《담을 넘은 아이》, 김정민, 비룡소

비슷한 어휘

겉치레: 겉만 보기 좋게 꾸미어 드러냄.
부화: 실속은 없고 겉만 화려함.

반대말 어휘

내실: 내적인 가치나 충실성.
실속: 군더더기가 없는, 알맹이가 되는 내용.

19일

돋우다

감정이나 기색 따위를 생겨나게 하다

잘못한 일이 있을 때 이런저런 핑계를 대는 것은
오히려 상대방의 화만 돋우는 꼴이 되고 말아요.
그럴 땐 솔직하게, 정확하게 잘못을 시인하고 용서를 구하세요.
그게 문제를 해결하는 가장 빠른 방법이랍니다.

예문

사람들이 모두 어디로 갔는지 보이지 않았다.
차라리 잘된 일이라고, 노든은 생각했다. 눈에 띄면 화만 돋울 뿐이니 말이다.

출처:《긴긴밤》, 루리, 문학동네

비슷한 어휘

높이다: 기세 따위를 힘차게 만들다.

속담 알기

돋우고 뛰어야 복사뼈라: 아무리 도망쳐 보아야 별수 없다는 말.

1월

12일

기막히다

어떠한 일이 놀랍거나 언짢아서 어이없다

기가 막히게 깜짝 놀랄 만한 일들이 생겨날 때가 있어요.
나의 예상을 완전히 뒤집어버리는 거죠.
좋은 일도 있지만 때로 그렇지 않은 일로 기가 막히기도 하니
언제나 정신을 바짝 차려야 해요.

예문

이곳의 방비가 다섯 포구 중에서 상태가 제일 나빴다.
그런데 순찰사가 상을 주라고 임금님께 편지를 올렸기 때문에
죄를 제대로 캐낼 수가 없으니 기가 막히다.

출처: 《난중일기》, 이명애, 파란자전거

비슷한 어휘

언짢다: 마음에 들지 않거나 좋지 않다.

관용구 알기

기가 차다: 하도 어이가 없어 말이 나오지 않다.
기를 쓰다: 있는 힘을 다하다.
기가 살다: 소심하지 않고 기세가 오르다.

12월

18일

인색하다

재물을 아끼는 태도가 몹시 지나치다
어떤 일을 하는 데 대하여 지나치게 박하다

인색한 구두쇠 하면 제일 먼저 스크루지 할아버지가 떠오르네요.
조금만 넓은 눈으로 주위를 돌아보면 나의 도움과 온정을 기다리고 반가워할
이웃과 친구가 많다는 것을 알게 돼요.
인색함이 아닌 넉넉함으로 다가가 보아요.

예문

그는 푼돈에는 지독하게 인색하지만 목돈에는 후했다.
우리 아빠는 다른 사람을 칭찬하는 것에 인색하다.

비슷한 어휘

각박하다: 인정이 없고 삭막하다.
쩨쩨하다: 사람이 잘고 인색하다.

반대말 어휘

후하다: 마음 씀씀이나 태도가 너그럽다.
넉넉하다: 마음이 넓고 여유가 있다.

1월

13일

떨떠름하다

마음이 내키지 않는 데가 있다

특별히 나쁜 일이 있는 건 아니지만 뭔가 마음 한구석에 찜찜한 기분이 들면
종일 떨떠름한 표정을 짓게 돼요. 매일 상쾌하고 행복하면 좋겠지만
이렇게 떨떠름한 날도 있는 법이죠. 이런 날의 기분을 잘 견디어 내고 나면
내일은 다시 활기차게 시작할 수 있을 거예요.

예문

고헤이에게 물었지만 역시 고개를 갸우뚱할 뿐이었다.
이윽고 쇼타가 돌아왔다. 떨떠름한 표정을 하고 있었다.
출처: 《나미야 잡화점의 기적》, 히가시노 게이고, 현대문학

비슷한 어휘

꺼림칙하다: 마음에 걸려서 언짢고 싫은 느낌이 있다.
못마땅하다: 마음에 들지 않아 좋지 않다.

헷갈리는 표현

떫더름하다: '떨떠름하다'의 잘못된 표현.

17일

동정하다

남의 어려운 처지를 자기 일처럼 딱하고 가엾게 여기다

나보다 형편이 어려운 사람을 동정하는 마음은 귀하고 귀하답니다.
그런 사람을 보고도 돕고 싶은 마음이 들지 않는 사람도 있어요.
우리 친구들의 착하고 따뜻한 마음을 진심으로 응원해요.

예문

그는 친구들에게 정말 도와주고 싶으면 자신을 동정하지 말고
찾아와 주거나 전화해주고,
그들이 고민하고 있는 문제를 자신과 의논해달라고 했다.

출처: 《모리와 함께한 화요일》, 미치 엘봄, 살림출판사

비슷한 어휘

연민하다: 불쌍하고 가련하게 여기다.
애긍하다: 불쌍히 여기다.

1월

14일

불과

그 수량에 지나지 아니한 상태임을 이르는 말

불과 1년 전만 해도 상상할 수 없었을 만큼 훌쩍 키가 자란 친구도 많죠?
지금 인생에 단 한 번뿐인 성장기를 지나는 중이기 때문이에요.
올 한 해 동안 더욱 열심히 줄넘기를 하고, 일찍 잠자리에 들고,
골고루 반찬을 챙겨 먹는다면 내년 이맘때는 또 몰라보게 훌쩍 커져 있을 거예요.

예문 불과 이십 며칠 전의 일상이 아주 먼 옛날의 일처럼
아득하게 느껴졌다.

출처: 《구미호 식당(청소년판)》, 박현숙, 특별한서재

비슷한 어휘 기껏해야: 아무리 높거나 많게 잡아도. 또는 최대한도로 하여도.
고작해야: 기껏 따져보거나 헤아려보아야.

16일

어엿하다

행동이 거리낌 없이 아주 당당하고 떳떳하다

어엿한 초등학생이 되어 엄마의 도움 없이 학교에 등교하던 날이 생각나나요?
엄마의 손을 잡지 않고는 어디도 갈 수 없었던 유치원생이 말이죠.
이제 우리는 교복을 입고 어엿한 중학생이 될 날을 기대하고 있답니다.

예문

그것은 과거에 대한 감사와 미래에 대한 경건한 소망이 담긴 기도였다.
그러고는 하얀 베개 위에 머리를 묻고 어엿한 처녀가 꿈꿀 법한
순수하고 밝고 아름다운 꿈에 빠져들었다.

출처: 《빨간 머리 앤》, 루시 모드 몽고메리

비슷한 어휘

당당하다: 남 앞에 내세울 만큼 모습이나 태도가 떳떳하다.
번듯하다: 형편이나 위세 따위가 버젓하고 당당하다.

뜻풀이 속 어휘

거리낌 없다: (일이나 상황이) 마음에 걸리어 꺼림칙하거나 어색함이 없다.

1월

교과서 수록 도서!

15일

걸핏하면

조금이라도 일이 있기만 하면 곧

걸핏하면 잔소리하는 부모님 때문에 억울했던 적 있을 거예요.
다 나를 위해 하시는 말씀인 건 알지만 속상하죠.
그럴 땐 잠시 방에 들어가 혼잣말로 투덜투덜하면서 기분을 다스려보기로 해요.
걸핏하면 문을 잠그는 건 하지 않기로 약속!

예문
만복이는 걸핏하면 친구들과 싸워서,
욕쟁이 만복이, 깡패 만복이, 심술쟁이 만복이라 불렸어.
그래서 늘 뒷자리에 혼자 앉아야 했지.

출처: 《만복이네 떡집》, 김리리, 비룡소

비슷한 어휘
제꺽하면: '걸핏하면'과 같은 말.
툭하면: 조금이라도 일이 있기만 하면 버릇처럼 곧.

헷갈리는 표현
'껀떡하면', '뻐떡하면', '얼핏하면', '얼씬하면'을 쓰는 경우가 있으나 '걸핏하면'만 표준어로 삼습니다.

15일

헤어나다

힘든 상태를 헤치고 벗어나다

헤어나기 어려운 가난에 빠져 힘든 하루하루를 보내는
아이들에 관한 신문 기사를 접할 때가 있어요.
도와주고 싶다고 생각만 하지 말고 하나라도 실천해볼까요?
우리 친구들도 할 수 있는 일이 있을 거예요.

예문

산더미 같은 애벌레들 틈에 들어간 뒤
처음 얼마 동안은 충격에서 헤어날 수가 없었습니다.
출처: 《꽃들에게 희망을》, 트리나 폴러스, 시공주니어

**비슷한
어휘**

벗어나다: 어려운 일이나 처지에서 헤어나다.
빠져나오다: 제한된 환경이나 경계의 밖으로 나오다.

**준말
알기**

헤나다: '헤어나다'의 준말.

16일

치욕스럽다

욕되고 수치스러운 데가 있다

그 옛날 일제 강점기의 우리 조상님들은 일본 사람들로부터
치욕스러운 일을 정말 많이 당했어요. 그때의 참담함을 잊지 않고,
그런 역사가 되풀이되지 않도록 대한민국이 힘을 키워나가는 일에
우리 친구들이 함께 애써주세요.

예문

나는 홍옥 반지가 천 개가 있다 해도
그런 일을 겪는다면 너무 치욕스러울 것 같았어.

출처: 《작은 아씨들》, 루이자 메이 올컷, 삼성출판사

비슷한 어휘

창피스럽다: 체면이 깎이는 일이나 아니꼬운 일을 당한 데
대한 부끄러운 느낌이 있다.

반대말 어휘

영광스럽다: 빛나고 아름다운 영예를 느낄 듯하다.
자랑스럽다: 남에게 드러내어 뽐낼 만한 데가 있다.

12월

14일

싫증나다

(사람이) 어떤 것이 더 이상 흥미를 끌지 못하거나
귀찮아서 싫어하는 마음이 생기다

싫증 난 인형, 작아진 옷과 신발이 있다면 버리지 말고 잘 모아 기부해보세요.
기부는 엄청나게 돈이 많거나 착한 사람만 할 수 있는 게 아니고,
내 것을 나누기로 결심한 사람이라면 오늘 당장 할 수 있는 쉽고 평범한 일이랍니다.

예문

비는 목초지에서 풀을 뜯고 있는 양들의 등에도 떨어졌다.
빗속에 서 있는 게 싫증나자 양들은 오솔길을 따라 느릿느릿 양우리로 들어갔다.
출처: 《샬롯의 거미줄》, 엘윈 브룩스 화이트, 시공주니어

비슷한 어휘

진저리나다: (사람이 어떤 대상이나 일에) 몹시 귀찮거나 싫증이 나서 끔찍하다.

반대말 어휘

흥미롭다: 흥을 느끼는 재미가 있다.
흥미진진하다: 넘쳐흐를 정도로 흥미가 매우 많다.

17일

보답

남의 호의나 은혜를 갚음

사람은 자기 자신을 중심으로 생각하기 때문에 내가 준 것은
똑똑히 기억하지만 받은 것은 잊는 경우가 많아요.
그래서 받은 은혜에 보답하는 사람은 특별한 사람이 되고
사람들에게 큰 호감을 주게 된답니다.

예문

그분은 아이들이 훌륭한 사람으로 자라는 게 보답일 뿐
다른 것은 바라지 않는다고 늘 말씀하신단다.
출처: 《키다리아저씨》, 진 웹스터, 삼성출판사

비슷한 어휘

보상: 남에게 진 빚 또는 받은 물건을 갚음.
보수: 고맙게 해준 데 대하여 보답을 함. 또는 그 보답.

뜻풀이 속 어휘

호의: 친절한 마음씨, 또는 좋게 생각해주는 마음.

12월

13일

휑하다

속이 비고 넓기만 하여 매우 허전하다

이사해본 적 있나요? 내가 매일 뒹굴던 거실, 잠을 자던 방의
이삿짐이 모두 빠지고 나면 휑한 모습이 드러나죠.
분명 오늘 아침까지도 너무나 익숙했던 곳이 갑자기 다른 집이 된 듯
어색한 기분이 들 거예요.

예문

"당연하지, 아빤데. 아빠는 맨날 약속을 안 지켜. 그래서 미워.
지난주에도 온다더니 안 오고……. 있잖아, 엄마. 아빠 생각할 때 말이야,
마음속에 구멍이 뚫려서 휑하니 바람이 지나가는 것 같아."
출처: 《동네 한 바퀴》, 김순이, 한겨레아이들

비슷한 어휘

허전하다: 무엇을 잃거나 의지할 곳이 없어진 것같이 서운한 느낌이 있다.
휑뎅그렁하다: 속이 비고 넓기만 하여 매우 허전하다.

속담 알기

휑한 빈 집에서 서 발 막대 거칠 것 없다: 서 발이나 되는 긴 막대를 휘둘러도 아무
것도 거치거나 걸릴 것이 없다는 뜻으로, 가난한 집안이라 세간이 아무것도 없음을
비유적으로 이르는 말.

18일

수치심

수치를 느끼는 마음

수치심은 사람만이 느끼는 특별한 감정이에요.
동물은 수치심을 거의 느끼지 못한다고 해요. 이렇게 수치심을 느끼는 것은
사람에게 양심이 있기 때문이에요. 그래서 우리는 누가 보지 않아도
스스로에게 부끄럽지 않은 떳떳한 행동을 하는 거랍니다.

예문

미리엘 주교는 은촛대마저 장 발장에게 가져다주었다.
장 발장은 마음속에 수치심이 가득 차올라 숨조차 제대로 쉬지 못했다.
미리엘 주교와 눈도 맞출 수 없었다.

출처: 《레 미제라블》, 빅토르 마리 위고, 미래엔아이세움

비슷한 어휘

부끄러움: 부끄러워하는 느낌이나 마음.
수치감: 수치를 당한 느낌.

뜻풀이 속 어휘

수치: 다른 사람들을 볼 낯이 없거나 스스로 떳떳하지 못함.
또는 그런 일.

12일

가늠하다

사물을 어림잡아 헤아리다

세상은 우리가 가늠하기 어려울 정도로 넓고 복잡하고 다양해요.
우리는 그 넓은 세상에서 내가 정말 하고 싶은 일,
나를 가슴 뛰게 하는 일을 찾아가는 과정에 있어요.

예문

"얼마나 작은데?"
렝켄은 엄지손가락과 둘째손가락으로
크기를 가늠해 보였습니다.

출처: 《마법의 설탕 두 조각》, 미하엘 엔데, 소년한길

비슷한 어휘

짐작하다: 사정이나 형편 따위를 어림잡아 헤아리다.
헤아리다: 짐작하여 가늠하거나 미루어 생각하다.

19일

무안

수줍거나 창피하여 볼 낯이 없음

친구와 다투고 나서 사과했는데 친구가 사과를 받아주지 않으면
무안한 마음이 들기 마련이에요. 반대로, 친구가 내게 사과했는데 내가
그 사과를 받아주지 않으면 친구가 무안해지겠죠?
무안하지 않도록 서로 배려하는 우리 친구들이 되길 바라요.

예문

자신이 그토록 어려워하는 프랑스어를 어린애가 능숙하게 하다니!
그것도 속상한 데다 학생들 앞에서 톡톡히 무안을 당했다고 생각하니
화가 나서 견딜 수가 없었다.

출처: 《소공녀》, 프랜시스 호지슨 버넷

**비슷한
어휘**

망신: 말이나 행동을 잘못하여 자기의 지위, 명예, 체면 따위를 손상함.
창피: 체면이 깎이는 일이나 아니꼬운 일을 당함. 또는 그에 대한 부끄러움.

**관용구
알기**

무안을 주다: (어떤 사람이 다른 사람에게) 말 따위로 부끄럽게 하다.
무안을 타다: (사람이) 몹시 무안해하다.
무안을 보다: (사람이) 무안한 꼴을 당하다.

11일

내비치다

감정이나 생각, 의도 따위를 밖으로 나타내다

하고 싶은 일이 있는데 부모님께서 썩 마음에 들어 하지 않는
기색일 땐 어떻게 하는 편인가요?
하지 말라면 꼭 안 하는 것만이 정답은 아니라고 생각해요.
왜 안 좋아하시는지 그 이유를 여쭈어보고 부모님을 설득해보세요.

예문

마음에 들지 않지만 지금의 상황이 상황인 만큼
어쩔 수 없이 수락한다는 뜻을 내비치고 싶었다.
출처: 《구미호 식당(청소년판)》, 박현숙, 특별한서재

**비슷한
어휘**

내보이다: 생각이나 감정 따위를 겉으로 드러나게 하다.
밝히다: 드러나지 않거나 알려지지 않은 사실, 내용, 생각 따위를 드러내 알리다.

**반대말
어휘**

감추다: 어떤 사실이나 감정 따위를 남이 모르게 하다.

1월

교과서
수록 도서!

20일

순종

순순히 따름

어린이라고 해서 어른들의 말씀에 무조건 순종할 필요는 없다고 생각해요.
그 지시가 옳은 것인지, 바람직한 것인지, 꼭 필요한 것인지 생각하고,
그게 옳다는 확신이 들면 순종하는 거지요.
그렇게 나의 생각주머니를 조금씩 늘려가는 연습을 해보세요.

예문

너는 학교 선생님들이나 주위 어른들로부터
"부모님 말씀 잘 듣는 착한 아이가 되어라" 하는 말을 자주 듣곤 하지?
하지만 유대인들한테 고분고분하고 순종적인 태도는 미덕이 아니란다.

출처: 《생각 깨우기》, 이어령, 푸른숲주니어

비슷한 어휘

복종: 남의 명령이나 의사를 그대로 따라서 좇음.
승순: 윗사람의 명령을 순순히 좇음.

반대말 어휘

반항: 다른 사람이나 대상에 맞서 대들거나 반대함.

10일

겸연쩍다

쑥스럽거나 미안하여 어색하다

친구와 다투고 나서 화해할 때는 친구도 나도 참 겸연쩍어요. 어쩌겠어요?
겸연쩍다고 화해를 안 할 수도 없는 노릇인걸요.
그럴 땐 먼저 용기를 내어 손을 내밀어보세요.
겸연쩍어 하던 친구가 이때다, 하고 배시시 웃어 보일 거예요.

예문

아연이는 자기의 실수가 겸연쩍은지
씩 멋쩍은 웃음을 보였다.

비슷한 어휘

겸연스럽다: 쑥스럽거나 미안하여 어색한 느낌이 있다.
쑥스럽다: 하는 짓이나 모양이 자연스럽지 못하고 우습고 싱거운 데가 있다.
서먹하다: 낯이 설거나 친하지 아니하여 어색하다.

1월

21일

업신여기다

교만한 마음에서 남을 낮추어 보거나 하찮게 여기다

사람은 누구나 저마다의 고귀한 가치를 가지고 있기 때문에 높고 낮음을 말할 수 없어요.
지위가 높다고 해서, 돈이 많다고 해서, 나이가 많다고 해서, 힘이 세다고 해서,
공부를 잘한다고 해서 남을 업신여기는 사람은
결국 나 자신을 업신여기는 것과 다를 바가 없답니다.

예문

형님뻘 나이인 봉기에게 공대는커녕
심히 업신여기는 투로 칠성이 내뱉는다.
출처: 《토지》, 박경리, 마로니에북스

비슷한 어휘

내려다보다: 자기보다 한층 낮추어 보다.
천시하다: 업신여겨 낮게 보거나 천하게 여기다.

반대말 어휘

존경하다: 남의 인격, 사상, 행위 따위를 받들어 공경하다.
받들다: 공경하여 모시다. 또는 소중히 대하다.

9일

얼뜨기

**겁이 많고 어리석으며 다부지지 못하여 어수룩하고
얼빠져 보이는 사람을 낮잡아 이르는 말**

얼뜨기는 좋은 표현이 아니에요. 오늘 '얼뜨기'라는 말을 배웠지만,
장난으로라도 내 주변의 친구들이나 가족에게는
섣불리 사용하지 않기로 해요.

예문

내 얼굴은 평소 거울로 보던 모습과는 딴판이었어. 가르마는 부자연스러웠고
표정이 굳은 게 누구에게나 무시당할 듯한 인상이었어.
내가 이런 얼뜨기 같은 모습이었다니.

출처: 《바꿔》, 박상기, 비룡소

비슷한 어휘

얼간이: 됨됨이가 변변하지 못하고 덜된 사람.
꺼벙이: 성격이 야무지지 못하고 조금 모자란 듯한 사람을 낮잡아 이르는 말.

헷갈리는 표현

얼띠기, 얼뱅이: '얼뜨기'의 의미로 '얼띠기, 얼뱅이'를 쓰는 경우가 있으나 '얼뜨기'
만 표준어로 삼습니다.

1월

22일

아슴푸레하다

(보이거나 들리는 것이) 또렷하지 않고 조금 흐릿하다

저녁이 되면 저 멀리에서 아슴푸레하게 해가 지는 모습이 보여요.
이렇게 서쪽 하늘에서 해가 지는 모습을 노을이라고 하는데요,
어쩜 볼 때마다 그렇게 아름다운지 모르겠어요.

예문

하늘에는 별들이 아슴푸레하게 떠 있다.
날이 새었지만 밖은 아직 아슴푸레하다.

**비슷한
어휘**

아련하다: 똑똑히 분간하기 힘들게 아렴풋하다.
아득하다: 보이는 것이나 들리는 것이 희미하고 매우 멀다.
어슴푸레하다: '아슴푸레하다'의 큰말로 표현상 크고, 어둡게 느껴지는 말.

**헷갈리는
표현**

아슴하다: '아슴푸레하다'의 잘못된 표현.

12월

8일

수줍다

숫기가 없어 다른 사람 앞에서 말이나 행동을 하는 것이 어렵거나 부끄럽다. 또는 그런 태도가 있다

수줍음이 많은 친구는 발표 차례가 돌아올 때마다 쑥스러워서 곤란한 기분이 들 거예요.
씩씩하게 발표를 잘하면 좋겠지만, 그렇지 않다고 해도 너무 속상해하지 말아요.
발표가 인생의 전부이던가요!

예문

정원에서는 앤과 다이애나가 서쪽 편에 자라는 오래된 전나무들 사이로
부드러운 저녁 노을빛이 가득 비쳐드는 가운데,
아름다운 참나리 덤불 너머로 수줍게 서로를 바라보며 서 있었다.

출처: 《빨간 머리 앤》, 루시 모드 몽고메리

비슷한 어휘

부끄럽다: 스스러움을 느끼어 매우 수줍다.
쑥스럽다: 하는 짓이나 모양이 자연스럽지 못하여 우습고 싱거운 데가 있다.

뜻풀이 속 어휘

숫기: 활발하여 부끄러워하지 않는 기운.

23일

심란하다

마음이 어수선하다

복잡한 일, 어려운 일, 그다지 내키지 않는 일을 앞두면
나도 모르게 마음이 심란해질 거예요.
그럴 땐 '잘하지 말고, 잘 버티자'라는 정도의 마음이면 충분해요.
잘하려고 긴장하고 힘이 들어가면 심란한 마음 때문에 실력 발휘가 어렵답니다.

예문

해강이의 웃기지도 않은 농담에 아이들이 와르르 웃었다.
담임도 기가 막혀 웃었다. 나는 심란해서 웃음도 안 나왔다.

출처: 《체리새우:비밀글입니다》, 황영미, 문학동네

비슷한 어휘

산란하다: 어수선하고 뒤숭숭하다.
뒤숭숭하다: 느낌이나 마음이 어수선하고 불안하다.

헷갈리는 표현

'심난하다'는 형편, 처지 등이 '매우 어렵다'는 뜻입니다. '마음이 어수선하다'라는 뜻
의 '심란하다'와 구분하여 사용해야 합니다.

12월

7일

맺다

열매나 꽃망울 따위가 생겨나거나 그것을 이루다

매일 해야 하는 공부와 숙제 때문에 힘들고 한숨이 날 때가 있죠?
힘들어서 그만두고 싶기도 하죠? 그럴 때는 나무를 생각해보세요.
가지밖에 없던 앙상한 나무에서 탐스러운 열매가 맺히는 모습을 기억하세요.

예문

강아지똥은 온몸이 비에 맞아 자디잘게 부서졌어요……
부서진 채 땅 속으로 스며들어 가 민들레 뿌리로 모여들었어요.
줄기를 타고 올라가 꽃봉오리를 맺었어요.

출처: 《강아지똥》, 권정생, 길벗어린이

비슷한 어휘

열리다: 열매가 맺히다.

관용구 알기

열매 맺다: 노력한 일의 성과가 나타나다.

24일

입양

양친과 양자가 법률적으로
친부모와 친자식의 관계를 맺는 신분 행위

예전에도 그랬지만 오늘날에도 한국의 정말 많은 아기가 해외로 입양되고 있대요.
그들 중 상당수가 성인이 되어 친부모를 만나기 위해 한국을 찾는다고 해요.
이들이 헤어진 가족을 만나 남은 일생을 행복하게 꾸리길 바라요.

예문 그는 세 살 때 미국으로 입양되었다.

비슷한 어휘 입후: 양자로 들어감. 또는 양자를 들임.
양사: 양자를 들임.

뜻풀이 속 어휘 양친: 양자로 간 집의 부모.
양자: 입양에 의하여 자식의 자격을 얻은 사람.

6일

신뢰

굳게 믿고 의지함

우리 친구들은 어떤 사람을 신뢰해요? 똑똑한 사람? 가까운 사람?
모두 신뢰할 만한 사람이기는 하지만, 그 누구보다 신뢰할 만한 사람은
'말과 행동이 일치하는 사람'이에요.
나는 그런 사람인가요? 나는 그런 사람을 신뢰하고 있나요?

예문 그는 그 한마디에 온 국민의 신뢰를 잃었다.

비슷한 어휘
믿음: 어떤 사실이나 사람을 믿는 마음.
신망: 믿고 기대함. 또는 그런 믿음과 덕망.

반대말 어휘
의심: 확실히 알 수 없어서 믿지 못하는 마음.
불신: 믿지 아니함. 또는 믿지 못함.

교과서 수록 도서!

25일

부채질하다

**(비유적으로) 어떤 감정이나 싸움,
상태의 변화 따위를 더욱 부추기다**

안 그래도 속이 상해 식식거리고 있는데 그런 내게 다가와 놀리는 친구를 보면
마치 불난 집에 부채질하는 것 같아 얄밉고 원망스러워지죠.
상대방의 마음과 상황을 찬찬히 살피고 배려하며 행동하는 건
나를 더 멋지고 사랑스럽게 만들어줘요. 우리 친구들도 알고 있죠?

예문

"미라야, 서영이 연주 정말 굉장하지? 손 움직임도 어찌나 부드럽던지
건반 위를 사르르 미끄러지는 거 봤지? 그치?" 옆에 있던 동혁이까지
흥분하여 외쳤다. 정말 불난 집에 부채질을 한 꼴이었다.

출처: 《악플전쟁》, 이규희, 별숲

비슷한 어휘

염장 지르다: 일이 잘 풀리지 않아서 불만인데 다른 사람이 옆에서 그 일에 대한 이
야기로 화를 돋우다.

속담 알기

'불난 데 풀무질한다, 끓는 국에 국자 휘젓는다, 불난 집에 키 들고 간다, 불붙는
데 키질하기, 타는 불에 부채질한다'도 '불난 집에 부채질한다'와 같은 뜻의 속담입
니다.

12월

교과서 수록 도서!

5일

사로잡다

생각이나 마음을 온통 한곳으로 쏠리게 하다

BTS는 신곡을 낼 때마다 전 세계인의 마음을 사로잡았어요.
이렇게 많은 이의 마음을 사로잡는다는 건 결코 쉬운 일이 아닌데,
BTS가 좋은 음악과 무대를 위해 얼마나 노력하는지 짐작조차 되지 않는군요.
도대체 BTS의 매력은 어디까지일까요?

예문

세상은 온갖 새로운 것들로 가득 차 있었습니다. 풀과 흙, 구멍, 작은 곤충들.
이 모든 것들이 호랑 애벌레의 마음을 사로잡았습니다.

출처: 《꽃들에게 희망을》, 트리나 폴러스, 시공주니어

비슷한 어휘

매료하다: 사람의 마음을 완전히 사로잡아 홀리게 하다.
매혹하다: 남의 마음을 사로잡아 홀리다.

26일

존재하다

현실에 실재하다

외계인의 존재가 궁금할 때가 있어요. 정말 존재하는 걸까,
존재한다면 어디에서 무얼 하고 있을까, 정말 지구에 나타난 적이 있는 걸까?
언뜻 쓸데없어 보이는 이런 생각들에 푹 빠져보는 우당탕탕 즐거운 하루가 되길 바라요.

예문

하지만 그 부분은 진실이 아니었다.
아빠가 돌아가셨을 때 나는 엄마 뱃속에 존재하지 않았다.

출처: 《복제인간 윤봉구》, 임은하, 비룡소

비슷한 어휘

실존하다: 실제로 존재하다.
엄존하다: 엄연하게 존재하다.

반대말 어휘

없다: 사람, 동물, 물체 따위가 실제로 존재하지 않는 상태이다.

4일

효험

일의 좋은 보람. 또는 어떤 작용의 결과

기도는 정말 효험이 있는 걸까요?
간절히 바라면 이루어진대요.
우리 친구들의 간절한 소원은 무엇인지 궁금해지네요.

예문

"자! 짝하고 인사부터 나누자."
담임이 말했다. 기도의 효험인지 담임은 괜찮은 분을 만났다.

출처:《체리새우:비밀글입니다》, 황영미, 문학동네

비슷한 어휘

효력: 약 따위를 사용한 후에 얻는 보람.
효과: 어떤 목적을 지닌 행위에 의하여 드러나는 보람이나 좋은 결과.

어휘 활용

'효험을 보다, 효험이 있다, 효험이 높다'로 활용됩니다.

27일

거름

식물이 잘 자라도록 땅을 기름지게 하기 위하여 주는 물질 똥, 오줌, 썩은 동식물, 광물질 따위가 있다

우리 친구들, 매일 열심히 책을 읽고 있나요? 역시, 잘하고 있군요!
우리 친구들이 꿈을 이루는 사람이 되고 싶다면 독서는 매우 훌륭한 거름이 되어줄 거예요.
단단한 독서 위에 차곡차곡 쌓은 공부는 결코 쉽게 무너지지 않거든요.

예문

"네가 거름이 돼줘야 한단다."
"내가 거름이 되다니?"

출처:《강아지똥》, 권정생, 길벗어린이

비슷한 어휘

두엄, 퇴비: 풀, 짚 또는 가축의 배설물 따위를 썩힌 거름.

3일

질색

몹시 싫어하거나 꺼림

내가 아무리 좋아하는 동물이라도 우리 가족 중 질색하는 사람이 있다면
그 동물을 가족으로 들여오는 일은 참아야 해요.
가족은 사랑으로 이루어진 특별한 사람들이지만
그런 만큼 상대방에 대한 배려도 중요하거든요.

예문

아밀은 말하는 걸 좋아해요. 뛰는 것도 좋아해요. 소리 내어 웃기도 잘하고요.
소리치는 것도 좋아해요. 하지만 그림 그리기 말고 쓰는 것은 질색을 해요.

출처: 《밤의 일기》, 비에라 히라난다니, 다산기획

비슷한 어휘

싫어하다: 싫게 여기다.
꺼리다: 사물이나 일 따위가 자신에게 해가 될까 하여
피하거나 싫어하다.

관용구 알기

칠색 팔색(을) 하다: 매우 질색을 하다.

1월

28일

까다롭다

조건 따위가 복잡하거나 엄격하여 다루기에 순탄하지 않다

수학 문제를 풀다 보면 유독 까다로워 한참을 고민해도 답을 찾기 어려운 문제가 있어요.
그럴 때마다 포기하면 실력은 성장하기 어려워요. 많은 문제를 풀지 않아도 좋으니
까다로운 한 문제와 끝까지 씨름해보세요.

예문

길을 따라 걸어가면서 마르코는 고개를 양쪽으로 부지런히 움직였다.
네거리에 도착하면 거리 이름부터 읽었다. 대부분 까다롭고 긴 이름이었다.

출처: 《엄마 찾아 삼만리》, 에드몬도 데 아미치스, 미래엔아이세움

**비슷한
어휘**

난해하다: 뜻을 이해하기 어렵다.
어렵다: 말이나 글이 이해하기에 까다롭다.

**방언
알기**

까시랍다: '까탈스럽다'의 전남 지역 방언.
까끄랍다, 꼬드랍다, 깨깔스럽다: '까탈스럽다'의 경북 지역 방언.
깨까달스럽다: '까탈스럽다'의 경북, 충북 지역 방언.

12월

2일

몸부림치다

심하게 온몸을 흔들고 부딪다
(비유적으로) 어떤 일을 이루거나 고통 따위를 견디기 위해서
고통스럽게 몹시 애쓰다

하루 종일 교실 수업을 해야 하는 날이면 지루함에 몸부림치게 됩니다.
할 수만 있다면 당장 운동장으로 달려 나가 마음껏 뛰어놀고 싶죠.
몸부림을 치면서도 꾹 참아내는 우리 친구들, 정말 대견해요!

예문

손에 묶인 끈을 풀려고 몸부림쳤다.
그는 실패를 딛고 재기하기 위해 몸부림치고 있다.

비슷한 어휘

버둥거리다: 덩치가 큰 것이 매달리거나 자빠지거나 주저앉아서 팔다리를 내저으며 자꾸 움직이다.
발악: 온갖 짓을 다 하며 마구 악을 씀.

29일

쇠약

힘이 쇠하고 약함

나이가 들면 누구나 쇠약해지기 마련이죠. 하지만 모든 사람이
같은 속도와 정도로 쇠약해지는 건 아니에요. 어릴 때 골고루 잘 먹고,
어른이 되어서도 건강관리를 잘해가는 게 무척 중요하답니다.

예문

겨울이 되면서 할아버지는 파트라슈를 만난 것을 더욱 감사하게 되었다.
몸이 몹시 쇠약해진 할아버지의 건강이 해가 갈수록 점점 더 나빠졌던 것이다.

출처: 《플랜더스의 개》, 위다, 미래엔아이세움

비슷한 어휘

노쇠: 힘이 쇠하고 약함.
허약: 힘이나 기운이 없고 약함.

반대말 어휘

건강: 정신적으로나 육체적으로 아무 탈이 없고 튼튼함. 또는 그런 상태.

12월

1일

초라하다

겉모양이나 옷차림이 호졸근하고 궁상스럽다

사람의 외모를 보고 그 사람의 전부를 판단해서는 안 돼요.
초라한 옷을 입었다고 해서, 키가 작거나 뚱뚱하다고 해서
얕잡아 보고 함부로 대하는 사람이 많은 사회는 건강하지 못한 사회예요.
사람의 내면을 볼 줄 아는 눈을 키워야 해요.

예문

생각해보니 봉순이 언니의 얼굴은 아주 많이 야위어 있었다.
아마도 내 평생 보아왔던 그녀의 얼굴 중에서
가장 슬프고 가장 초라했던 얼굴이었을 것이다.

출처: 《봉순이 언니》, 공지영, 해냄

비슷한 어휘

허름하다: 좀 헌 듯하다.
처량하다: 초라하고 가엾다.

반대말 어휘

화려하다: 환하게 빛나며 곱고 아름답다.

1월

교과서
수록 도서!

30일

고정 관념

어떤 집단의 사람들에 대한
단순하고 지나치게 일반화된 생각들

우리나라는 성적이 높은 사람이 훌륭한 사람이라는 고정 관념이 있는 것 같아요.
성적은 공부를 열심히 한 결과일 뿐 그 사람의 인성을 대변해주지 못하는데 말이에요.
좋은 성적보다 중요한 건, 그 사람의 됨됨이, 즉 인성이랍니다.

예문

고정 관념이 좋지 않은 까닭은 사실과 다르게
머릿속에 박혀 있는 생각을 아무 의심 없이 행동으로 옮기게 하거나,
자신도 모르게 진실을 외면해버리게 하기 때문이야.

출처: 《생각 깨우기》, 이어령, 푸른숲주니어

**비슷한
어휘**

고착 관념: 잘 변하지 아니하는, 행동을 주로 결정하는 확고한 의식이나 관념.

**어휘
활용**

'고정 관념이 있다, 고정 관념을 가지다, 고정 관념에 사로잡히다, 고정 관념을 깨
다, 고정 관념에서 벗어나다, 고정 관념을 버리다' 등으로 활용됩니다.

12월

1월

31일

실행하다

실제로 행하다. 컴퓨터를 명령어에 따라서 작동시키다

계획은 누구나 세울 수 있어요. 계획을 거창하게 세우는 일은 어렵지도 않아요.
중요한 것은 실행이에요. 계획을 세운 후에 실행에 옮기는 사람과
계획만 세워놓고 끝내는 사람의 1년 후의 모습은 완전히 다를 거예요.

예문 두 번째 방법은 말은 쉽지만 실행하기는 쉽지 않지.
출처: 《달러구트의 꿈 백화점》, 이미예, 팩토리나인

비슷한 어휘 작동하다: 기계 따위가 작용을 받아 움직이다. 또는 기계 따위를 움직이게 하다.
가동하다: 사람이나 기계 따위가 움직여 일하다. 또는 사람이나 기계 따위를 움직여 일하게 하다.

반대말 어휘 멈추다: 사물의 움직이나 동작이 그치다.
정지하다: 움직이고 있던 것이 멎거나 그치다. 또는 중도에서 멎거나 그치게 하다.

30일

좇다

눈여겨보거나 눈길을 보내다

우리 친구들이 놀이터에서 공원에서 운동장에서 뛰어놀 때,
부모님의 눈은 늘 우리 친구들을 좇고 있어요.
다치지 않을까, 부딪히지 않을까, 배고프지 않을까 등을
섬세하게 챙기며 바라보시죠.

예문

태우가 샐쭉거리며 속으로 중얼중얼했어요.
그 말을 들었는지 못 들었는지, 할아버지는 문득 걸음을 멈추고
눈길로 나비를 좇았어요. 나무들 사이로 완전히 사라질 때까지요.

출처: 《동네 한 바퀴》, 김순이, 한겨레아이들

**헷갈리는
표현**

'좇다'는 '눈여겨보거나 눈길을 보내다' 외에도 '목표나 이상을 추구하다'라는 뜻을
가지고 있습니다. 반면 '쫓다'는 '어떤 대상을 잡거나 만나기 위하여 뒤를 급히 따르
다' 또는 '어떤 자리에서 떠나도록 몰다'라는 뜻입니다. 누구(무엇)를 쫓아가거나 쫓
아내거나 할 때 사용하지요. 둘은 구분하여 사용해야 합니다.

2월

11월

29일

지탱하다

오래 버티거나 배겨내다

부산의 광안대교, 인천의 영종대교처럼 아주 큰 다리를 건널 때면
경이로움에 감탄하게 돼요. 그렇게 크고 긴 다리를 지탱하는 모습이 놀랍고,
많은 차가 빠른 속도로 지나가도 끄떡없는 모습이 정말 굉장해요.

예문

이순신은 누구나 싸움을 포기했을 상황에서 '오히려' 해볼 만하다며
의지를 다졌습니다. 얼마나 감동적인가요? 제 인생에서 '오히려'라는 말이
이토록 울림 있게 다가온 적은 없었습니다. 이육사와 이순신을 만나면서
이 말이 제 삶을 지탱해줄 수 있음을 깨닫게 되었습니다.

출처: 《역사의 쓸모》, 최태성, 다산북스

비슷한 어휘

버티다: 어떤 대상이 주변 상황에 움쩍 않고 든든히 자리 잡다.
견디다: 사람이나 생물이 어려운 환경에 굴복하거나 죽지 않고 계속해서 버티면서
살아 나가는 상태가 되다.

반대말 어휘

무너지다: 쌓여 있거나 서 있는 것이 허물어져 내려앉다.
허물어지다: 육체적 또는 정신적으로 건강한 상태를 유지하지 못하게 되다.

1일

침묵

아무 말도 없이 잠잠히 있음. 또는 그런 상태

떠들썩하게 시끄러운 공간을 떠나 침묵이 흐르는 공간에 혼자 있어본 적 있나요?
스마트폰도 책도 가족도 없는 곳에서 나 홀로 조용히 침묵에 잠기며
일상을 돌아보는 시간을 가져보는 하루가 되길 바라요.

예문

계속 테이블만 노려보고 있는 레이첼을 보자니
무슨 말이라도 해야 할 것 같았다. 아영은 침묵을 깨고 입을 열었다.

출처:《지구 끝의 온실》, 김초엽, 자이언트북스

**비슷한
어휘**

고요: 조용하고 잠잠한 상태.
함구: 입을 다문다는 뜻으로, 말하지 아니함을 이르는 말.

**어휘
활용**

'침묵하다'와 비슷한 의미로 '침묵을 지키다', '침묵이 흐르다', '침묵에 빠지다', '침묵에 잠기다' 등 다양한 표현이 활용되며, 그 반대의 의미로 '침묵을 깨다', '침묵을 깨뜨리다' 등의 표현이 활용됩니다.

28일

해롭다

해가 되는 점이 있다

스마트폰 게임은 그 자체로 해롭지는 않아요.
휴식 시간에 즐거운 게임 한 판으로 스트레스가 해소될 수 있어요.
게임이 해로워지는 순간은 너무 많이 하기 시작할 때예요.
자제력이 필요한 순간이죠.

예문

식품에 첨가된 방부제는 건강에 해롭다.
햇볕에 장시간 노출되는 것은 미용에 해롭다.

비슷한 어휘

유해하다: 해로움이 있다.
나쁘다: 건강 따위에 해롭다.

반대말 어휘

유익하다: 이롭거나 도움이 될 만한 것이 있다.
좋다: 어떤 물질이 몸이나 건강에 긍정적인 효과를 미치는 성질이 있다.

2일

소유하다

가지고 있다

행복은 내게 오는 게 아니라, 내가 선택하는 거래요.
내가 소유한 것을 하나씩 떠올리면서 감사하는 마음을 새기다 보면
나는 이미 행복을 선택하고 소유한 사람이 되는 거지요.

예문

"별을 세어서 소유하는 거지."
"소유한다고요?"
"응! 그러니까 내가 갖는다는 뜻이야."
출처: 《어린 왕자》, 생텍쥐페리

비슷한 어휘

차지하다: 사물이나 공간, 지위 따위를 자기 몫으로 가지다.
가지다: 자기 것으로 하다.

한자어 알기

소유물: 자기 것으로 가지고 있는 물건.
소유욕: 자기 것으로 만들어 가지고 싶어 하는 욕망.
소유품: 가지고 있는 물품.

27일

불길하다

운수 따위가 좋지 아니하다. 또는 일이 예사롭지 아니하다

유독 불길한 느낌이 들어 위축되는 날이 있지 않나요?
그런 날, 우리 친구들은 어떤 생각을 하나요? 느낌은 느낌일 뿐,
'결국 오늘 하루의 주인은 나다!'는 마음으로 씩씩하게 밀어붙여 보아요!

예문

어젯밤 불길한 꿈을 꾸었다.
서양에는 13일의 금요일이 불길하다는 속설이 있다.

비슷한 어휘

흉하다: 운이 사납거나 불길하다.
방정스럽다: 몹시 요망스럽게 보여서 불길하거나 상서롭지 못한 데가 있다.

반대말 어휘

길하다: 운이 좋거나 일이 상서롭다.
상서롭다: 복되고 길한 일이 일어날 조짐이 있다.

2월

3일

연금술사

연금술에 관한 기술을 가진 사람

연금술사가 하는 일은 정말 신기해요. 마치 마법을 부리는 것 같기도 하죠.
그런데 우리 일상에도 그런 마법 같은 일이 매일 일어나고 있다는 사실, 혹시 알고 있나요?
오늘 우리가 이렇게 건강하게 눈 뜨고 이 글을 읽는 것 자체가 엄청난 기적이라고요!

예문

말을 현란하게 잘하는 사람을
'언어의 연금술사'라고 부르기도 한다.

비슷한 어휘

연금사: 연금술에 관한 기술을 가진 사람.

뜻풀이 속 어휘

연금술: 고대 이집트에서 시작되어 아라비아를 거쳐 중세 유럽에 전해진 원시적 화학 기술. 구리·납·주석 따위의 비금속으로 금·은 따위의 귀금속을 제조하고, 나아가서는 늙지 않는 영약을 만들려고 한 화학 기술.

26일

낭만적

감미롭고 감상적인 것

유튜브에 들어가 '낭만적인 배경음악'을 검색해보세요.
잔잔하고 사랑스러운 선율의 음악들이 쏟아져 나온답니다.
편안하게 잠들고 싶은 주말 밤이라면 이런 음악을 강력 추천해요!

예문

윌리엄 벨 아저씨네 땅 말이에요. 그 한쪽에 하얀 자작나무가
둥글게 늘어선 아주 낭만적인 공간이 있어요. 다이애나와 제가 그곳에
함께 놀 집을 만들었어요. 우리는 거길 한적한 숲이라고 불러요.

출처: 《빨간 머리 앤》, 루시 모드 몽고메리

**비슷한
어휘**

환상적: 생각 따위가 현실적인 기초나 가능성이 없고 헛된.
비현실적: 현실과는 동떨어진.

**반대말
어휘**

현실적: 현재 실제로 존재하거나 실현될 수 있는.

4일

소스라치다

깜짝 놀라 몸을 갑자기 떠는 듯이 움직이다

깊은 잠에 빠져 있다가 높은 곳에서 떨어지는 꿈을 꾸고
소스라치게 놀라본 적 있나요?
그렇다면 한번 기대해보세요. 이 꿈은 키가 쑥쑥 클 징조래요.
키가 쑥쑥 클 수 있다면 이렇게 소스라치게 놀라는 꿈도 대환영!

예문

김 첨지는 취한 중에도 돈의 거처를 살피는 듯이
눈을 크게 떠서 땅을 내려다보다가, 불시에 제 하는 짓이 너무 더럽다는 듯이
고개를 소스라치자 더욱 성을 내며,

출처: 《운수 좋은 날》, 현진건, 삼성출판사

비슷한 어휘

소스라뜨리다, 소스라트리다: 깜짝 놀라 몸을 갑자기
솟구치듯 움직이다.

옛말 알기

도도리치다: '소스라치다'의 옛말

25일

재다

여러모로 따져보고 헤아리다

할까 말까 망설여질 땐 하면 무엇이 좋을지 여러 요소를 재보고 결정하는 게 좋아요.
무턱대고 시작했다가는 후회할 수 있거든요.
하지만 너무 꼼꼼하게 오랫동안 재기만 하는 것도 추천하고 싶진 않아요!

예문 일을 너무 재다가는 아무것도 못 한다.

비슷한 어휘 따지다: 계산, 득실, 관계 따위를 낱낱이 헤아리다.
계산하다: 어떤 일이 자기에게 이해득실이 있는지 따지다.

관용구 알기 뒤를 재다: 어떤 일의 결과를 걱정하면서 이것저것 타산을 맞추어보다.
앞뒤를 재다: 어떤 일을 할 때 자신의 이해나 득실을 신중하게 따지고 이것저것 계산하다.

2월

5일

말문

말을 할 때에 여는 입. 말을 꺼내는 실마리

교과서
수록 도서!

너무 억울한 상황이 닥치면 나도 모르게 말문이 턱 막힐 때가 있어요.
하나하나 차분하게 설명하고 이해받고 싶은데, 그러지 못할 때도 있어요.
감정에 치우치지 말고 차분하게 내 마음과 상황을 하나씩 설명해보는 연습이 필요해요.

예문

누가 먼저라고 할 것도 없이 말문을 터야 했습니다.
그럴 때면 창 너머로 보이는 바다에서 구실을 찾았습니다.
출처: 《오세암》, 정채봉, 샘터

관용구 알기

말문이 막히다: 말이 입 밖으로 나오지 않게 된다.
말문을 열다: 입을 열어 말을 시작하다.
말문을 막다: 말을 하지 못하게 하다.

11월

24일

무턱대고

잘 헤아려보지도 아니하고 마구

교과서와 안내문을 잘 읽어보지도 않고 무턱대고 질문부터 하는 친구 때문에
수업의 흐름이 끊겨본 적 있을 거예요.
한 번만 더 꼼꼼히 살펴봤다면 모두 알 수 있을 내용인데 말이죠.

예문

렝켄은 읽기를 배운 지 얼마 되지 않았기 때문에
간판이나 문패를 더듬더듬 읽어가면서 무턱대고 아무 데나 돌아다녔습니다.
출처: 《마법의 설탕 두 조각》, 미하엘 엔데, 소년한길

비슷한 어휘

무작정: 얼마라든지 혹은 어떻게 하리라고 미리 정한 것이 없음.
다짜고짜: 일의 앞뒤 상황이나 사정 따위를 미리 알아보지 아니하고 단박에 들이덤벼서.

반대말 어휘

신중히: 매우 조심스럽게.
조심스레: 잘못이나 실수가 없도록 말이나 행동에 마음을 쓰는 태도로.

6일

동경하다

어떤 것을 간절히 그리워하여 그것만을 생각하다

우리 친구들 마음에는 간절히 동경하는 어떤 사람, 어떤 꿈이 있나요?
이런 동경하는 마음이 쑥쑥 커졌으면 좋겠어요. 동경하는 꿈을 이루기 위해 노력하고,
시도하는 과정 자체가 우리를 성장시키는 힘이기 때문이랍니다.

예문 어린 시절 내내 너무 떠돌아다녀서
느린 식물을 동경하게 된 걸까, 생각한 적도 있었다.
출처: 《지구 끝의 온실》, 김초엽, 자이언트북스

**비슷한
어휘** 사모하다: 애틋하게 생각하고 그리워하다.
선망하다: 부러워하여 바라다.

**뜻풀이 속
어휘** 간절하다: 마음속에서 우러나와 바라는 정도가 매우 절실하다.
그리워하다: 사랑하여 몹시 보고 싶어 하다.

23일

월등하다

다른 것과 견주어서 수준이 정도 이상으로 뛰어나다

월등한 실력으로 금메달을 따는 선수들을 지켜보고 있으면
선수들이 그 자리에 오르기까지
얼마나 많은 땀을 흘리며 노력했을지 느껴져 가슴이 뭉클해져요.

예문
▸

키 168센티미터, 몸무게 80킬로그램의 단단한 체구로 무장하고,
가슴 안쪽에는 고성능 컴퓨터를 내장했지. 시각 시스템이 월등해졌어.

출처: 《미래가 온다, 로봇》, 김성화·권수진, 와이즈만books

**비슷한
어휘**

뛰어나다: 남보다 월등히 훌륭하거나 앞서 있다.
빼어나다: 여럿 가운데서 두드러지게 뛰어나다.

**반대말
어휘**

뒤떨어지다: 발전 속도가 느려 도달하여야 할 수준이나 기준에 이르지 못하다.

7일

부아

노엽거나 분한 마음

나도 모르게 부아가 나서 짜증을 낼 때가 있어요.
그럴 땐 내 마음을 깊이 들여다보는 것이 도움이 되어요.
내가 왜 화가 났을까, 앞으로 이런 일로 화가 나지 않으려면
어떻게 마음먹는 게 좋을까 생각해보아요.

예문

나는 끓어오르는 부아를 꾹 참았다.
시험 1등을 했다고 잘난 체하는 친구를 보니 은근히 부아가 났다.

비슷한 어휘

화: 몹시 못마땅하거나 언짢아서 나는 성.
분노: 분개하여 몹시 성을 냄. 또는 그렇게 내는 성.

관용구 알기

부아가 돋다: (사람이) 분한 마음이 생기다
부아를 돋우다: (어떤 사람이 다른 사람의) 분한 마음이 일어나게 자극을 주다.

11월

22일

허탈하다

몸에 기운이 빠지고 정신이 멍하다

열심히 노력해온 일이 끝나고 나면 후련하기도 하지만 허탈한 기분도 들어요.
더 열심히 할 걸, 하는 아쉬움도 들고요.
하지만 우리에게는 다음 기회가 있으니 아쉬움은 이만 접고
또 새로운 목표를 향해 달려보아요.

예문

안토니오는 쫓아가다 실패하고 경찰에 신고했지만 경찰은
그런 하찮은 일에 신경 쓸 겨를이 어디 있냐는 듯 시큰둥한 반응을 보였다.
허탈해진 안토니오는 자전거포를 뒤지다
어느 젊은이가 자기 자전거를 타고 달리는 것을 목격한다.

출처: 《자전거 도둑》, 김소진, 삼성출판사

**비슷한
어휘**

허무하다: 무가치하고 무의미하게 느껴져 매우 허전하고 쓸쓸하다.
허망하다: 어이없고 허무하다.

**북한어
알기**

맥빠지다: '허탈하다'의 북한말.

8일

실감하다

실제로 체험하는 듯한 느낌을 받다

엄마가 갑자기 많이 편찮으신 날, 혼자 밥을 차려 먹고
학교 갈 준비를 해야 하는 날이 되면 엄마의 빈자리가 실감이 나요.
그동안 우리 엄마가 얼마나 많은 것을 해주셨는지
절절하게 실감하며 새삼 고마워진답니다.

예문

그로부터 일 년이 채 되지 않아 내가 태어났다.
엄마는 막 태어난 나의 눈을 처음 보면서
그제야 엄마가 무슨 일을 저질렀는지 실감했단다.
출처: 《복제인간 윤봉구》, 임은하, 비룡소

비슷한 어휘

느끼다: 마음속으로 어떤 감정 따위를 체험하고 맛보다.
깨닫다: 감각 따위를 느끼거나 알게 되다.

11월

21일

맴돌다

제자리에서 몸을 뱅뱅 돌다

떡볶이를 먹고 나면 매콤한 맛이 입에 맴돌고,
달달한 아이스크림을 먹고 나면 시원하고 달콤한 맛이 입에 맴돌아요.
우리가 바르고 고운 말을 하면
우리 안에 바르고 고운 마음이 맴돌게 되는 것과 비슷하답니다.

예문
▶

놀이터에서 들었던 아진이의 말이 자꾸만 귓가에 맴돌았다.

출처:《순한 맛, 매운 맛 매생이 클럽 아이들》, 이은경, 한국경제신문사

**비슷한
어휘**

선회하다: 둘레를 빙글빙글 돌다.
감돌다: 어떤 둘레를 여러 번 빙빙 돌다.

**관용구
알기**

귓가를 맴돌다: 귓전에서 사라지지 아니하고 들리는 듯하다.
귓전에 맴돌다: 들었던 말이 기억나거나 떠오르다.
머리에 맴돌다: 분명하지 않은 생각이 계속 떠오르다.

2월

9일

졸이다

속을 태우다시피 초조해하다

마음을 졸이며 기대하고 기다리던 결과가 다가오는 즈음이 되면
긴장돼서 잠이 잘 오지 않기도 해요. 그만큼 열심히 노력했다는 증거니까
마음을 졸이며 기다리는 일이 있다는 건 참 멋진 일이라고 생각해요.

예문

우리 식구들 외에 독일에 남았던 친척들은
히틀러의 반유대법이 발효된 이후 충격이 컸어.
그래서 우리는 날마다 그들 걱정으로 마음을 졸였단다.

출처: 《안네의 일기》, 안네 프랑크

**비슷한
어휘**

태우다: 마음을 몹시 달게 하다.
끓이다: 어떠한 감정을 강하게 솟아나게 하다.

**어휘
활용**

마음을 졸이다, 가슴을 졸이다: 속을 태우며 초초해하다.
간을 졸이다: 매우 걱정되고 불안스러워 마음을 놓지 못하다.

11월

20일

분배

몫몫이 별러 나눔. 생산 과정에 참여한 개개인이 생산물을 사회적 법칙에 따라서 나누는 일

우리 모둠이 열심히 노력해서 과자 한 봉지를 상품으로 받았다면
이 과자는 어떤 기준으로 분배해야 할까요? 가위바위보?
선생님께 분배해달라고 부탁드리기? 분배의 방법은 다양하지만
무엇보다 모둠 친구들 모두가 그 방법에 동의하는 것이 중요해요.

예문

왜 무역의 이익이 가난한 국가의 생산자들에게 돌아가지 않을까요?
어떤 방식으로 무역을 해야 전 세계의 모든 사람이
정당한 자신의 몫을 분배받아 인간다운 삶을 누릴 수 있을까요?

출처: 《사회 선생님이 들려주는 공정무역 이야기》, 전국사회교사모임, 살림출판사

비슷한 어휘

배분: 몫몫이 별러 나눔.
할당: 몫을 갈라 나눔. 또는 그 몫.

한자어 알기

분배액: 몫몫이 갈라서 나누어 주거나 받는 돈의 액수.
분배소: 몫몫이 갈라서 나누어 주는 곳.

2월

교과서
수록 도서!

10일

권리

어떤 일을 행하거나 타인에 대하여
당연히 요구할 수 있는 힘이나 자격

언제나 내 권리만 주장해서는 안 되겠지만 내 권리가 무엇인지
정확히 아는 것은 매우 중요해요. 내 권리를 알고 잘 챙기는 사람은
다른 사람의 권리도 소중히 여기고 그것을 존중할 수 있기 때문이에요.

예문

각자 다른 사람의 자유를 존중한다면
모두 자유로울 권리를 가질 수 있답니다.
출처: 《자유가 뭐예요?》, 오스카 브르니피에, 상수리

**비슷한
어휘**

자격: 일정한 신분이나 지위.
권한: 어떤 사람이나 기관의 권리나 권력이 미치는 범위.

**반대말
어휘**

의무: 사람으로서 마땅히 하여야 할 일. 곧 맡은 직분. 규범에 의하여 부과되는 부
담이나 구속.
책임: 맡아서 해야 할 임무나 의무.

11월

19일

무모하다

앞뒤를 잘 헤아려 깊이 생각하는 신중성이나 꾀가 없다

지금까지 수많은 무모한 도전들이 세상을 바꿔왔어요.
에디슨의 발명품들을 보세요. 모두가 비웃고 안 될 거라 했지만
결국 그 발명품 덕분에 우리 삶은 더 편리해졌죠.

예문

코끼리는 강했다. 마음만 먹으면 바람보다 빨리 달려서
상대를 받아버릴 수도 있었고, 물소 열 마리보다 무거운 몸통으로
상대를 깔아뭉갤 수도 있었다. 하지만 코끼리는 무모하지 않았다.

출처: 《긴긴밤》, 루리, 문학동네

비슷한 어휘

어리석다: 슬기롭지 못하고 둔하다.
무계획하다: 할 일의 방법, 순서, 규모 따위에 대하여 미리 세워놓은 것이 없다.

반대말 어휘

신중하다: 매우 조심스럽다.

2월

11일

옹이

나무의 몸에 박힌 가지의 밑 부분

나무의 옹이는 그 나무가 지금껏 살아온 세월의 흔적인 것 같아 많은 생각이 들게 해요.
이 나무는 지금의 모습으로 서 있기까지 얼마나 많은 비와 바람을 맞았을까요?
그걸 다 겪어내고도 이렇게 멋진 모습으로 서 있다니, 존경스러워요.

예문

아니카는 잠시 망설이다가 나무줄기에 발을 디딜 만한
옹이가 많은 것을 보고 재미있겠다고 생각했다.

출처: 《내 이름은 삐삐 롱스타킹》, 아스트리드 린드그렌, 시공주니어

**관용구
알기**

옹이(가) 지다: 마음에 언짢은 감정이 있다.

**속담
알기**

옹이에 마디: 어려운 일이 공교롭게 계속됨을 비유적으로 이르는 말. 일마다 공교
롭게도 방해가 끼어 낭패를 보게 됨을 비유적으로 이르는 말.

11월

18일

안중

(주로 '안중에' 꼴로 부정어와 함께 쓰여) 관심이나 의식의 범위 내

내가 무슨 말을 하려고 하는데, 가족이나 친구들이
안중에도 없다면 서운한 마음이 들 거예요.
내가 사람들의 관심을 기대하는 만큼,
내가 먼저 다른 사람들에게 따뜻한 관심을 보여주는 것도 참 의미 있는 일이겠죠?

예문

은행에 상주하고 있던 경호원들까지 합세해서
그를 제압하느라 은행에는 한바탕 소통이 일어났으나, 시피도는 그런
소란 따위는 안중에도 없이 아주 흡족한 표정으로 빈 창구 앞에 앉았다.

출처: 《달러구트의 꿈 백화점》, 이미예, 팩토리나인

비슷한 어휘

관심: 어떤 것에 마음이 끌려 주의를 기울임. 또는 그런 마음이나 주의.

속담 알기

안중에 사람 없다: 남의 일에는 관심도 없고 어려워하지도 않으며 함부로 나댐을
비유적으로 이르는 말.

12일

숨

사람이나 동물이 코 또는 입으로 공기를 들이마시고 내쉬는 기운 또는 그렇게 하는 일

숨 쉬는 소리도 들리지 않을 만큼 조용한 곳에 앉아 가만히 눈을 감아보세요.
좋았던 일을 떠올리고, 사랑하는 사람을 떠올리고, 행복한 기억을 떠올려보세요.
행복은 가만히 있는 내게 다가오는 게 아니고요, 내가 찾아 나서서 얻어내는 거래요.

예문

나는 오르막길에서 가쁜 숨을 몰아쉬며 천천히 걸었다.
그는 사고로 숨을 거두고 말았다.

비슷한 어휘

호흡: 숨을 쉼. 또는 그 숨.
기식: 숨을 쉼. 또는 그런 기운.

관용구 알기

숨을 돌리다: 가쁜 숨을 가라앉히다. 잠시 여유를 얻어 휴식을 취하다.
숨이 트이다: 마음이 진정되다. 답답하던 것이 해소되다.

17일

어질다

마음이 너그럽고 착하며 슬기롭고 덕이 높다

친구 중에 마치 형이나 언니처럼 느껴지는 너그럽고 어진 친구가 있나요?
내가 고민이 있을 때 찾아가면 언제든 들어주고 상담해줄 것 같은
친구가 곁에 있다는 건 대단한 행운이에요.

예문
학교에서의 배움이 부족하다고 할지언정,
그녀는 얼마나 현명하고 어진 어르신이었고,
또 어릴 적 그에게 얼마나 의지가 되는 존재였는지.
출처: 《달러구트의 꿈 백화점》, 이미예, 팩토리나인

비슷한 어휘
좋다: 성품이나 인격 따위가 원만하거나 선하다.
현명하다: 어질고 슬기로워 사리에 밝다.

반대말 어휘
악독하다: 마음이 흉악하고 독하다.
모질다: 마음씨가 몹시 매섭고 독하다.

13일

시치미

자기가 하고도 아니한 체, 알고도 모르는 체하는 태도

새로 산 지 얼마 안 된 연필과 아끼던 수첩이 사라져서 발을 동동거리며 찾고 있는데
시치미를 뚝 떼고 앉아 있던 동생의 서랍에서 그것들이 발견된다면?
너, 이리 와!

예문

그 아이의 천연덕스러운 시치미에 말문이 막혔다.
동생은 잘못을 하고도 뻐젓하게 시치미를 뗐다.

비슷한 어휘

능청스럽다: 속으로는 엉큼한 마음을 숨기고 겉으로는 천연스럽게 행동하는 데가 있다.

관용구 알기

시치미(를) 떼다: 자기가 하고도 하지 아니한 체하거나 알고 있으면서도 모르는 체하다.

16일

심상하다

대수롭지 않고 예사롭다

집에 들어섰는데 분위기가 심상하지 않은 날이 있을 거예요.
너무 긴장할 필요는 없어요. 그게 사람이 모여 살아가는 평범한 모습이니까요.
혹시 어려운 일, 복잡한 일이 생겼더라도 가족이 힘을 모아 잘 해결해낼 수 있을 거예요.

예문

무표정한 윤씨 부인이나 사랑에 도사린 최치수의 속마음도
도무지 짚어볼 수 없었고 누가 도장문을 열어주었느냐고 추달이 있을 법했으나
불문에 부치는 저의 역시 심상한 일은 아니었다.

출처: 《토지》, 박경리, 마로니에북스

비슷한 어휘

범상하다: 중요하게 여길 만하지 아니하고 예사롭다.
예사롭다: 흔히 있을 만하다.

반대말 어휘

대수롭다: 중요하게 여길 만하다.
중요하다: 귀중하고 요긴하다.

2월

14일

무심

감정이나 생각하는 마음이 없음

우리 친구들은 요즘 어떤 일에 감사한 마음이 드나요?
내가 당연하다 생각하고 무심하게 지나쳐온 일상들이
누군가에게는 간절히 바라고 바라는 소중한 일상일 수 있어요.
우리 매사에 감사하는 마음을 가져보아요.

예문

단칼에 자르듯 매정한 선비의 말에 아가씨는 더는 말하지 않았다.
선비는 서 있는 푸실이를 무심한 눈으로 보았다.

출처: 《담을 넘은 아이》, 김정민, 비룡소

**비슷한
어휘**

무관심: 관심이나 흥미가 없음.
무감각: 주변 상황이나 사람에 대하여 관심이 없음.

**관련
어휘 알기**

무심결: 아무런 생각이 없어 스스로 깨닫지 못하는 사이.
무심코: 아무런 뜻이나 생각이 없이.

11월

15일

혼란스럽다

보기에 뒤죽박죽이 되어 어지럽고 질서가 없는 데가 있다

교과서 수록 도서!

커서 뭐가 되고 싶은지를 고민하다가 몹시 혼란스러운 마음이 될 때가 있어요.
꿈을 향해 가다가 만나는 자연스러운 현상이니 너무 걱정하지 마세요.
다만, 지금의 이 고민을 계속 반복하면서 다가올 미래에 관해 충분히 생각하세요.

예문

사라는 몹시 혼란스러웠습니다.
"그런데 왜 나는 버스 앞자리에 타면 안 되나요?"
출처: 《사라, 버스를 타다》, 윌리엄 밀러, 사계절

비슷한 어휘

혼돈하다: 마구 뒤섞여 있어 갈피를 잡을 수 없는 상태이다.
어지럽다: 모든 것이 뒤섞이거나 뒤얽혀 갈피를 잡을 수 없다.

반대말 어휘

정리되다: 흐트러지거나 혼란스러운 상태에 있는 것이 한데 모아지거나 치워져서
질서 있는 상태가 되다.

교과서
수록 도서!

15일

헤벌쭉

입이나 구멍 따위가 속이 들여다보일 정도로 넓게 벌어진 모양

간절히 바라던 선물을 받으면 나도 모르게 헤벌쭉 웃음이 나죠.
그 웃음은 순수한 기쁨인지라 감추기가 정말 어려워요.
그럴 땐 웃음을 숨기지 말고 있는 그대로 환하게 웃어보세요.
그 웃음이 주변 사람들까지도 환하게 만들어준답니다.

예문

"우리 만복이 학교에 잘 갔다 왔어?"
엄마가 달려와서 물었어. 만복이는 엄마를 보며 헤벌쭉 웃었어.

출처: 《만복이네 떡집》, 김리리, 비룡소

비슷한 어휘

해발쪽: '헤벌쭉'과 같은 말.

관련 어휘 알기

헤벌쭉대다, 헤벌쭉거리다: 이가 드러나 보일 정도로 입을 크게 벌리고 자꾸 웃다.

11월

14일

공감

**남의 감정, 의견, 주장 따위에 대하여 자기도 그렇다고 느낌
또는 그렇게 느끼는 기분**

친구들에게 사랑받는 친구들의 가장 큰 공통점이 뭔지 아세요?
바로 공감을 잘해준다는 거예요. 다른 사람의 감정, 의견, 주장을 듣고
똑같이 느끼는 사람은 상대방을 편안하게 해주거든요.
우리 친구들은 친구의 말에 공감해본 적 있나요?

예문
그 책은 특히 여성 독자들에게 많은 공감을 불러일으켰다.
정부는 대다수 국민의 공감을 얻을 수 있는 정책을 제시해야 한다.

비슷한 어휘
동감: 어떤 견해나 의견에 같은 생각을 가짐. 또는 그 생각.
동조: 남의 주장에 자기의 의견을 일치시키거나 보조를 맞춤.

한자어 알기
공감대: 서로 공감하는 부분.

16일

간사하다

자기의 이익을 위하여 나쁜 꾀를 부리는 등 마음이 바르지 않다

조선 시대에는 진심을 다해 왕을 돕는 신하들도 있었지만
간사한 마음으로 본인의 이익만 추구하던 신하들도 있었대요.
그 많은 신하 중 과연 누가 진정으로 왕과 나라를 위하는 신하인지를 밝혀 가려내는 것이
왕이 해야 할 중요한 일이었답니다.

예문

동래에서 서로 바라보이는 바다라 그럴 리가 만무한데
말을 이렇게 꾸며내니 간사하기가 이루 말할 수 없다.
출처: 《난중일기》, 이명애, 파란자전거

**비슷한
어휘**

악하다: 인간의 도덕적 기준에 어긋나 나쁘다.
교활하다: 간사하고 꾀가 많다.

**속담
알기**

마음처럼 간사한 건 없다: 사람의 마음이란 이해관계에 따라서 간사스럽게 변함을
이르는 말.

13일

괘씸하다

**남에게 예절이나 신의에 어긋난 짓을 당하여
분하고 밉살스럽다**

영화 속에는 악당이 나올 때가 많은데, 악당들은 늘 괘씸한 짓을 벌이곤 해요.
자기를 도와준 은인을 배신하거나, 아무 이유 없이 사람들을 괴롭히기도 하죠.
그런 악당들을 차례로 처리하는 멋진 영웅들 덕에 영화 볼 맛이 나지요.

예문

무안 현감 남언상은 원래 수군에 소속된 관리이다.
그런데 제 목숨만 지키려고 수군에 오지 않고 산골에 보름쯤 숨어 있었다.
적이 물러간 뒤에 비로소 나타나니 하는 짓이 괘씸하다.
출처: 《난중일기》, 이명애, 파란자전거

**비슷한
어휘**

밉살스럽다: 보기에 말이나 행동이 남에게 몹시 미움을 받을 만한 데가 있다.
가증스럽다: 몹시 괘씸하고 얄밉다.

17일

꿰뚫다

어떤 일의 내용이나 본질을 잘 알다

친구의 마음을 꿰뚫어보고 싶다는 생각을 해본 적 있나요?
내가 친구를 좋아하는 만큼 친구도 나를 좋아하고 친해지고 싶어 하는 걸까?
친구의 마음이 참 궁금해요.

예문

그런 마음이 자신 안에 있는 것을 인정하지 않을 수 없었다.
말투는 거칠지만 이 편지에 담긴 말들은 진실을 꿰뚫고 있었다.

출처: 《나미야 잡화점의 기적》, 히가시노 게이고, 현대문학

비슷한 어휘

통찰하다: 예리한 관찰력으로 사물을 꿰뚫어 보다.
관철하다: 사물을 속속들이 꿰뚫어 보다.

같은 말 다른 뜻

'이쪽에서 저쪽까지 꿰어서 뚫다'라는 뜻을 가진 어휘도 '꿰뚫다'가 맞습니다. '총알이 표적을 꿰뚫다', '창이 방패를 꿰뚫다' 등과 같은 문장에서 더 많이 접해보았을 어휘이지요. 또한 '꿰뚫다'는 위와 같이 '본질을 알다'라는 뜻으로도 많이 활용됩니다.

12일

공교롭다

**생각지 않았거나 뜻하지 않았던 사실이나 사건과
우연히 마주치게 된 것이 기이하다고 할 만하다**

공교롭게도 여러 가지 좋은 일이 겹치거나, 힘든 일이 겹치는 날이 있어요.
오늘 왜 이러지 싶은 공교로운 순간 말이죠. 이러니 사는 게 재미있어요.
매일 똑같은 일상, 예정된 일들만 일어난다면 정말 지루하고 따분할 것 같지 않나요?

예문

그들이 문을 억지로 뚫고 지나가려는 걸 필치가 발견했는데, 알고 보니 그 문은
공교롭게도 3층의 출입 금지된 복도로 가는 문이었던 것이다.

출처: 《해리 포터와 마법사의 돌》, J.K. 롤링, 김혜원 역, 문학수첩

**비슷한
어휘**

우이하다: 어떤 일이 뜻하지 아니하게 저절로 이루어져 공교롭다.
공교하다: 생각지 않았거나 뜻하지 않았던 사실이나 사건과 우연히 마주치는 것이
매우 기이하다.

**속담
알기**

공교하기는 마디에 옹이라: 나무의 마디에 공교롭게도 또 옹이가 박혔다는 뜻으로,
일이 순조롭게 진행되지 않고 이러저러한 장애가 겹침을 이르는 말.

18일

못지아니하다

일정한 수준이나 정도에 뒤지지 않다

아이돌 그룹 BTS와 블랙핑크는 전 세계의 그 어느 가수 못지않은
노래와 춤 실력으로 많은 사람의 사랑을 받고 있어요.
그 자리에 오르기까지 흘렸을 땀과 눈물을 짐작하기에 진심으로 응원합니다.

예문

개학하던 날, 저는 큰 실수를 했답니다. 누군가가 모리스 마테를링크
(벨기에의 시인) 이야기를 꺼냈는데, 제가 "그 애도 신입생이야?"라고
했거든요. 이 일은 학교 전체에 퍼지고 말았어요. 하지만 공부만큼은 누구
못지않게 잘하고 있어요.

출처: 《키다리아저씨》, 진 웹스터, 삼성출판사

비슷한 어휘

못지않다: '못지아니하다'의 준말로 같은 뜻.
비슷하다: 비교 되는 대상과 어느 정도 일치되지만 다소 미흡한 면이 있다.

반대말 어휘

못하다: 어떤 일을 일정한 수준에 못 미치게 하거나, 그 일을 할 능력이 없다.

11일

냉소

쌀쌀한 태도로 비웃음. 또는 그런 웃음

우리 친구들은 다정하고 따뜻했으면 좋겠어요.
냉소적인 모습은 얼핏 멋져 보일지는 몰라도,
결국 오랫동안 사랑받는 사람은 다정하고 따뜻한 사람이에요.

예문

춘추암에는 격려 전화가 끊이지 않았고, 무엇보다 게이코의 그런 행동에
냉소적인 반응을 보였던 나카가와도 뜻밖의 전화를 걸어왔다.

출처: 《우동 한 그릇》(개정8판), 구리 료헤이, 청조사

비슷한 어휘

찬웃음: 쌀쌀한 태도로 비웃음. 또는 그런 웃음.
비웃음: 흉을 보듯이 빈정거리거나 업신여기는 일. 또는 그렇게 웃는 웃음.

19일

모욕감

모욕을 당하는 느낌

누군가가 나를 깔보고 욕하는 바람에 뜻하지 않게 모욕감을 느껴본 적 있나요?
그럴 때의 속상한 기분은 이루 말할 수 없죠.
하지만 이런 감정 또한 새로운 배움으로 생각했으면 좋겠어요.
상대를 향한 짜증과 분노로만 끝내지 않고 더 멋진 사람이 되기 위한 경험으로 삼는 거죠.

예문

자베르는 부르르 떨었다. 그는 생전 처음, 모욕감을 느꼈다.
도대체 이 보잘것없는 여자 따위가 무엇이기에 시장이 저렇게 나선단 말인가.

출처: 《레 미제라블》, 빅토르 마리 위고, 미래엔아이세움

비슷한 어휘

모멸감: 모멸스러운 느낌.
굴욕감: 굴욕을 당하여 느끼는 창피한 느낌.

뜻풀이 속 어휘

모욕: 깔보고 욕되게 함.
모멸: 업신여기고 얕잡아 봄.

11월

10일

널브러지다

너저분하게 흐트러지거나 흩어지다
몸에 힘이 빠져 몸을 추스르지 못하고 축 늘어지다

종일 침대에 널브러져 유튜브 영상을 돌려보며
아무 생각 없이 놀고먹고만 싶은 날이 있어요. 그런 날도 필요해요.
우리는 로봇이 아니고, 살아 움직이고 생각하는 존재이기 때문이죠.
자, 언제 한번 마음껏 널브러져 볼까요?

예문

커다란 애벌레 세 마리가 어디선가 떨어져
땅바닥에 널브러져 있었습니다.

출처:《꽃들에게 희망을》, 트리나 폴러스, 시공주니어

비슷한 어휘

나동그라지다: 아무렇게나 내팽개쳐지다.
뒹굴다: 여기저기 어지럽게 널려 구르다.

헷갈리는 표현

널부러지다: '널브러지다'의 잘못된 표현.

교과서
수록 도서!

20일

직성

타고난 성질이나 성미

공부를 끝까지 마쳐야만 비로소 직성이 풀리는 사람이 있고요,
다 마치지 못해도 마음 편히 푹 자는 사람도 있어요.
우리는 모두 다르고, 같을 필요도 없어요.
어떤 모습이든 가장 먼저 내가 나를 사랑해야 해요.

예문

에디슨은 뭐든 호기심이 생기면 그걸 해결해야 직성이 풀리는 아이였어.
말하자면 에디슨에게는 먹고 자는 문제를 해결하는 것보다
호기심을 해결하는 게 더 중요했다는 얘기지.

출처: 《생각 깨우기》, 이어령, 푸른숲주니어

뜻풀이 속 어휘

성질: 사람이 지닌 마음의 본바탕.
성미: 성질, 마음씨, 비위, 버릇 따위를 통틀어 이르는 말.

관용구 알기

직성이 풀리다: 제 성미대로 되어 마음이 흡족해지다.

9일

속살거리다

남이 알아듣지 못하도록 작은 목소리로
자질구레하게 자꾸 이야기하다

나랑 친했던 친구들이 나만 빼고 속살거리는 모습을 보면 엄청 서운한 마음이 들 거예요.
그럴 만한 이유가 있겠지 싶으면서도 서운함을 감추기 어렵죠.
저 친구들은 뭐가 그리 재미있어서 속살거리고 있는 걸까요? 궁금해요.

예문

봉순이 언니는 이런 사실을 아는지 모르는지,
어머니가 외출을 하기를 기다렸다가 미자 언니네 집으로 갔다.
둘은 예전보다 더 낮고 은밀한 소리로 속살거렸다.

출처:《봉순이 언니》, 공지영, 해냄

**비슷한
어휘**

속살속살하다, 속살대다: 남이 알아듣지 못하도록 작은 목소리로 자질구레하게 자꾸 이야기하다.

**센말
알기**

쏙살거리다: 뜻은 '속살거리다'와 같지만 '속살거리다'보다 센 느낌을 줍니다.

21일

하찮다

그다지 훌륭하지 아니하다
대수롭지 아니하다

생명은 모두 소중해요. 우리는 때로 개미와 파리를 쉽게 죽이기도 하지만
그들의 생명이 결코 하찮다고 생각하지는 않았으면 해요.
모든 생명을 소중하게 여기고 존중하는 태도는 사람이라면
누구나 가져야 할 중요하고 바른 태도랍니다.

예문

나는 하찮은 일로 싸움질을 벌였다.
사람의 생명을 하찮게 여겨서는 안 된다.

비슷한 어휘

새들하다: 별로 대수롭지 아니하다.
사소하다: 보잘것없이 작거나 적다.

반대말 알기

대단하다: 아주 중요하다.
뜻깊다: : 가치나 중요성이 크다.

8일

너그럽다

마음이 넓고 아량이 있다

너그러운 사람이 되어볼까요? 화를 내거나, 큰소리부터 내는 게 아니라,
'그럴 수 있지', '그럴 만한 사정이 있겠지'라고 한발 물러서 생각하고,
조금 더 너그럽게 반응하는 사람이 되어보세요.

예문

충분히 발전한 기술은 마법과 구별되지 않는다.
인간은 속아 넘어가는 것은 싫어하지만 마법에는 너그러워.
출처: 《작별인사》, 김영하, 복복서가

비슷한 어휘

원만하다: 성격이 모난 데가 없이 부드럽고 너그럽다.
서글서글하다: 생김새나 성품이 매우 상냥하고 너그럽다.

반대말 어휘

빽빽하다: 속이 좁다.
옹색하다: 생각이 막혀서 답답하고 옹졸하다.

22일

잠기다

어떤 한 가지 일이나 생각에 열중하다

슬픈 생각에 잠기는 날이 있어요. 아끼던 동물과 헤어졌거나
소중한 물건을 잃어버린 날이 그렇지요.
슬플 때 충분히 슬픔에 잠기는 시간을 보내고 나면
다시 일어설 새로운 힘이 생겨날 거예요.

예문

"아버지, 마지막 줄을 바꾸고 싶지 않으세요?"
롭이 말했다. 교수님은 잠시 생각에 잠겼다가 말했다.
출처: 《모리와 함께한 화요일》, 미치 엘봄, 살림출판사

**비슷한
어휘**

젖다: 어떤 심정에 잠기다.
빠지다: 무엇에 정신이 아주 쏠리어 헤어나지 못하다.

**같은 말
다른 뜻**

물속에 물체가 넣어지거나 가라앉게 되는 것을 '잠기다'라고 표현합니다. 하지만
'잠기다'는 매우 다양한 뜻을 가지고 있습니다. 그중 하나가 지금 살펴본 '생각에 잠
기다'이지요. 그 외에도 '슬픔에 잠기다'와 같이 어떤 기분 상태에 놓이게 되는 경우
에도 많이 사용합니다.

7일

우월하다

다른 것보다 낫다

올림픽 경기나 월드컵 축구 경기에서 다른 선수들에 비해
월등하게 우월한 기량을 뽐내는 선수를 발견하고
나도 모르게 박수를 보낼 때가 있어요.
그 선수가 우리 대한민국 선수라면 그들의 우월함에 나는 우쭐해지지요.

예문

"몇몇 마법사들은, 그러니까 말포이네 같은 마법사들은, 자기들이
이른바 순수 혈통이기 때문에 다른 사람들보다 우월하다고 생각해."
출처: 《해리 포터와 비밀의 방》, J.K. 롤링, 강동혁 역, 문학수첩

비슷한 어휘

뛰어나다: 남보다 월등히 훌륭하거나 앞서 있다.
월등하다: 다른 것과 견주어서 수준이 정도 이상으로 뛰어나다.

반대말 어휘

열등하다: 보통의 수준이나 등급보다 낮다.
못하다: 비교 대상에 미치지 아니하다.

2월

23일

눈살

두 눈썹 사이에 잡히는 주름

공원에 가면 눈살을 찌푸리게 하는 사람들이 있어요.
담배를 피우고 아무 데나 버린다든가, 강아지 똥을 치우지 않고 가버린다든가,
음식물 쓰레기를 그대로 두고 가버리는 사람들 말이에요.
우리는 제발 그러지 말자고요!

예문

그녀는 눈살을 찌푸렸다.
"약용 식물에 대해서 잘 아나 보죠?"
그녀의 얼굴에 수상쩍어하는 기색이 어렸다.
출처: 《나무》, 베르나르 베르베르, 이세욱 역, 열린책들

**관용구
알기**

눈살 펼 새 없다: 근심, 걱정이 가시지 않다.
눈살을 찌푸리다: 마음에 못마땅한 뜻을 나타내어 양미간을 찡그리다.

11월

6일

밭은기침

병이나 버릇으로 소리도 크지 아니하고
힘도 그다지 들이지 않으며 자주 하는 기침

해마다 겨울이 다가오면 교실에는 감기에 걸린 친구들이 부쩍 늘어나요.
콧물을 흘리는 친구도 있고, 밭은기침을 하는 친구도 있고, 열이 나는 친구도 있죠.
공부도 중요하지만 언제나 건강이 최우선인 거, 잘 알고 있죠?

예문

몇 번이나 입 속으로 굴려보았던지 줄줄 외듯 나왔다.
방 안에서 밭은기침 소리가 났다. 기침이 멎은 뒤 "들어오너라."

출처: 《토지》, 박경리, 마로니에북스

비슷한 어휘

잔기침: 작은 소리로 잇따라 자주 하는 기침.
마른기침: 가래가 나오지 아니하는 기침.

방언 알기

보튼지침: '밭은기침'의 전남 지역 방언.
밭은지침: '밭은기침'의 강원 지역 방언.
보탄지침: '밭은기침'의 경남 지역 방언.

24일

경솔하다

말이나 행동이 조심성 없이 가볍다

경솔한 행동은 상대방을 곤란하게 만들기도 하지만
무엇보다 나 자신을 힘들게 만들어요.
경솔하게 행동한 나 자신을 생각하면 부끄러운 마음이 들기 마련이거든요.
행동을 하기 전에 반드시 한 번 더 생각하는 습관을 가져보아요.

예문

그렇다고 해서 동호처럼 단박에 후보를 그만두겠다고 말할 수도 없었다.
그건 어쩐지 경솔해 보였다.

출처: 《수상한 화장실》, 박현숙, 북멘토

**비슷한
어휘**

경박하다: 언행이 신중하지 못하고 가볍다.
방정맞다: 말이나 행동이 찬찬하지 못하고 몹시 까불어서 가볍고 점잖지 못하다.

**반대말
어휘**

진중하다: 무게가 있고 점잖다.

5일

애달프다

마음이 안타깝거나 쓰라리다. 애처롭고 쓸쓸하다

병들어 아픈 강아지를 보면 애달픈 마음이 들어 자꾸 돌아보게 돼요.
당장 달려가 쓰다듬어주고 안아주고 도와주고 싶어요.
우리 친구들도 그렇죠?

예문 라디오에서 엄마를 잃은 아이의
애달픈 사연이 소개되었다.

비슷한 어휘 아프다: 슬픔이나 연민이나 쓰라림 따위가 있어 괴로운 상태에 있다.
서럽다: 원통하고 슬프다.

헷갈리는 표현 '애달프다'는 옛말 '애닯다'에서 나온 말입니다. 그래서인지 '애닯다, 애닲다, 애닳다'
등으로 표현되는 경우가 많이 있으나 모두 잘못된 표현이며 '애달프다'가 올바른
표현입니다.

교과서
수록 도서!

25일

한가롭다

한가한 느낌이 있다

우리나라는 빨리빨리 처리하는 것에 익숙해서 일을 빠르게 처리하기로는 세계 1위예요.
그런데 그 탓에 여유를 잘 즐기지 못하는 것 같아요.
오늘은 내가 해야 할 일을 차분히 정리해본 후
마음의 여유를 가지고 하나씩 한가롭게 해보면 어떨까요?

예문

"얘야, 내 줄기를 타고 올라오렴. 가지에 매달려 그네도 뛰고 즐겁게 지내자."
"난 나무에 올라갈 만큼 한가롭지 않단 말이야."
소년이 말했습니다.

출처: 《아낌없이 주는 나무》, 쉘 실버스타인, 시공주니어

비슷한 어휘

여유롭다: 여유가 있다.
한산하다: 일이 없어 한가하다.

반대말 어휘

바쁘다: 일이 많거나 또는 서둘러서 해야 할 일로 인하여 딴 겨를이 없다.

11월

4일

스산하다

몹시 어수선하고 쓸쓸하다

뜨거운 여름이 지나고 나면 스산한 바람이 부는 가을과 겨울이 찾아와요.
그 즈음이 되면 나는 지난 1년을 어떻게 보냈는지 돌아보게 되죠.
우리 친구들의 올 한 해는 어땠나요?
스산한 마음인가요, 뿌듯한 마음인가요?

예문

아침부터 유난히 스산하던 그 날은
비가 한바탕 쏟아지고 난 후 오후 무렵부터
날씨가 맑아지기 시작했다.

비슷한 어휘

을씨년스럽다: 보기에 날씨나 분위기 따위가 몹시 스산하고 쓸쓸한 데가 있다.
음침하다: 분위기가 어두컴컴하고 스산하다.

26일

흉측하다

몹시 흉악하다

뉴스를 보다 보면 흉측하고 끔찍한 범죄에 관한 기사를 접하고 놀랄 때가 있어요.
그 범죄 때문에 피해를 입은 사람을 생각하면 너무 불쌍해요.
그런 불쌍한 사람이 없는 살기 좋은 안전한 사회가 되었으면 좋겠어요.

예문

"정말은 내가 너보다 더 흉측하고 더러울지 몰라……."
흙덩이가 얘기를 시작하자, 강아지똥도 어느새 울음을 그치고 귀를 기울였어요.
출처: 《강아지똥》, 권정생, 길벗어린이

비슷한 어휘

흉악하다: 모습이 보기에 언짢을 만큼 고약하다.
고약하다: 맛, 냄새 따위가 비위에 거슬리게 나쁘다.

헷갈리는 표현

흉칙하다: '흉측하다'의 잘못된 표현.

3일

송두리째

있는 전부를 모조리

저 멀리 어느 나라에서 전쟁이 일어나 주민들이 살던 집들이 송두리째 타버렸다고 해요.
뉴스에서 갈 곳을 잃은 사람들이 그저 눈물만 흘리고 있는 모습을 보니 마음이 아프네요.
어서 빨리 전쟁이 끝났으면 좋겠어요.

예문

그런 책에서는 꽤나 역겨운 짐승 냄새가 나지 뭐예요.
게다가 어떤 책들은 송두리째 없어져 버렸고요.
정말 이상한 일이죠. 사서는 왜 그런지 꼭 알아내겠다고 결심했어요.
출처: 《책 먹는 여우》, 프란치스카 비어만, 주니어김영사

**헷갈리는
표현**

'째'는 '그대로, 전부'의 뜻을 더하는 접미사로 '뿌리째', '껍질째'처럼 항상 명사에 붙여 씁니다. 이와 달리 '채'는 '이미 있는 상태 그대로'라는 뜻의 의존명사로 '고개를 숙인 채', '잔뜩 겁을 먹은 채'처럼 씁니다. '송두리째'는 명사 뒤에 오고 '전부'의 의미를 나타내니 '송두리째'가 맞습니다.

2월

27일

가슴

마음이나 생각

사랑하는 할아버지, 할머니께서 갑자기 돌아가시면
너무 놀라 가슴이 덜컥 내려앉겠죠?
언젠가 다가올 일이긴 하지만 되도록 그날이 늦게 왔으면 좋겠다는 생각을 해요.

예문

"아, 메렐리 씨 말이냐? 메렐리 씨는 얼마 전에 죽었다고 들었다."
아주머니가 이탈리아어로 대답했다.
그 말을 듣고 마르코는 가슴이 덜컥 내려앉았다.
출처: 《엄마 찾아 삼만리》, 에드몬도 데 아미치스, 미래엔아이세움

관용구 알기

가슴이 내려앉다: (사람이) 커다란 충격으로 놀라거나 맥이 탁 풀리다.
가슴이 미어지다: 마음이 슬픔이나 고통으로 가득 차 견디기 힘들게 되다.
가슴에 새기다: 잊지 않게 단단히 마음에 기억하다.
가슴이 뜨끔하다: 자극을 받아 마음이 깜짝 놀라거나 양심의 가책을 받다.

11월

2일

과도하다

정도에 지나치다

주변 사람들의 말과 행동에 나도 모르게 과도하게 예민해질 때가 있어요.
괜히 짜증이 나고, 모든 게 힘들게 느껴져요.
나는 왜 이렇게 과도하게 예민할까 싶어 걱정이 돼요.
괜찮아요, 그런 날도 있을 수 있어요. 한번 씨익 웃고 또 힘내보아요!

예문

내가 대신 넘겨줄 수도 없는 다른 사람의 카드에 과도하게 신경 쓴다면,
내 마음대로 되지 않는 일 때문에 행복할 수 없을 테니까.

출처:《미움 받아도 괜찮아》, 황재연, 인플루엔셜

**비슷한
어휘**

지나치다: 일정한 한도를 넘어 정도가 심하다.
심하다: 정도가 지나치다.

**반대말
어휘**

약소하다: 적고 변변하지 못하다.

28일

후련하다

답답하거나 갑갑하여 언짢던 것이 풀려 마음이 시원하다

열심히 준비했던 대회, 시험이 끝나고 나면 얼마나 후련한지 몰라요.
물론, 이것으로 인생의 어려움이 모두 끝난 건 아니지만
열심히 준비했고 잘 마쳤다면 이 후련함을 온전히 만끽하는 것도
다음을 위한 전략이랍니다.

예문

결국 모둠 과제 첫 모임은 나의 독무대로 끝났다. 과장과 허풍, 아무 말 대잔치.
부끄러웠다. 그리고 후련했다. 10년 묵은 체증이 다 내려가는 거 같았다.

출처: 《체리새우:비밀글입니다》, 황영미, 문학동네

비슷한 어휘

시원하다: 답답한 마음이 풀리어 흐뭇하고 가뿐하다.
개운하다: 기분이나 몸이 상쾌하고 가뜬하다.

반대말 어휘

답답하다: 애가 타고 갑갑하다.
갑갑하다: 가슴이나 배 속이 꽉 막힌 듯이 불편하다.

11월

1일

공상

현실적이지 못하거나 실현될 가망이 없는 것을 막연히 그리어봄 또는 그런 생각

엉뚱한 공상할 때, 정말 즐겁죠? 언뜻 생각하면
공상은 쓸데없는 것처럼 보이는데, 절대 그렇지 않아요.
결코 이루어질 수 없을 것 같은 엉뚱한 생각을 하는 동안
우리 친구들의 창의력과 사고력과 상상력이 무럭무럭 자란답니다. 강력 추천, 공상!

예문

사람들은 내 이야기 모두 다
어린 소녀의 공상이라고 생각할 것이다.

출처:《열두 살에 부자가 된 키라》, 보도 섀퍼, 을파소

비슷한 어휘

환상: 현실적인 기초나 가능성이 없는 헛된 생각이나 공상.
상상: 실제로 경험하지 않은 현상이나 사물에 대하여 마음속으로 그려봄.

어휘 활용

'공상에 빠지다, 공상에 잠기다, 공상하다' 등과 같이 '공상' 뒤에 다양한 어휘를 붙여 표현할 수 있습니다.

3월

11월

3월

1일

서슬

강하고 날카로운 기세

일제 강점기에는 서슬 퍼런 일본 순사들 때문에
우리 조상님들이 정말 많이 고통 받았다고 해요.
1919년 3월 1일은 그런 어려움에도 굴하지 않고 모두가
거리로 나와 "대한 독립 만세!"를 외친 역사적인 날이에요.

예문

어둠 속에서 퍼런 서슬의 칼날이 섬뜩 비쳤다.
사장의 서슬에 그는 주눅이 들어 아무 말도 못 하였다.

**비슷한
어휘**

기세: 기운차게 뻗치는 모양이나 상태.
맹기: 매우 사나운 기세.

**관용구
알기**

서슬이 푸르다, 서슬이 퍼렇다: 권세나 기세 따위가 아주 대단하다.

31일

자긍심

스스로에게 긍지를 가지는 마음

우리나라의 기술로 만들어진 나로호 발사 성공 소식에
모든 대한민국 국민은 자긍심을 느꼈을 거예요.
태극 마크를 달고 하늘로 솟아오르는 나로호의 모습은
대한민국 국민으로서 자긍심을 느끼게 하기에 충분했답니다.

예문

누가 뭐라 해도 내 존재를 긍정하고 내가 하는 일에 자긍심이 생겨요.
그렇게 생겨난 자긍심은 물질을 바탕으로 만들어진
자긍심과 달리 쉽게 무너지지 않습니다.

출처: 《역사의 쓸모》, 최태성, 다산북스

비슷한 어휘

자부심: 자기 자신 또는 자기와 관련되어 있는 것에 대하여 스스로 그 가치나 능력을 믿고 당당히 여기는 마음.
자존심: 남에게 굽히지 아니하고 자신의 품위를 스스로 지키는 마음.

뜻풀이 속 어휘

긍지: 자신의 능력을 믿음으로써 가지는 당당함.

2일

용솟음치다

힘이나 기세 따위가 세차게 북받쳐 오르거나 급히 솟아오르다

반가움이 용솟음칠 땐 '반갑다'라고 말해주고,
즐거운 마음이 용솟음칠 땐 '정말 즐겁다'라고 마음껏 표현해보세요.
내 마음속, 머릿속에 맴도는 것을 애써 숨기지 말고 표현하는 연습을 하세요.
좋은 마음은 표현할수록 더욱 커진답니다.

예문

기쁨이 용솟음치다.
싱싱한 기운과 젊음의 피가 용솟음쳐 오르다.

비슷한 어휘

북받치다: 감정이나 힘 따위가 속에서 세차게 치밀어 오르다.
샘솟다: 힘이나 용기 또는 눈물 따위가 끊이지 아니하고 솟아 나오다.

10월

30일

위태롭다

어떤 형세가 마음을 놓을 수 없을 만큼 위험한 듯하다

지구온난화로 인한 자연환경의 변화로
지구상의 많은 생명이 위태로워지고 있어요.
그 심각성을 인지했다면 우리가 무심코 쓰고 버리는
일회용품의 사용을 대폭 줄여나가야 해요.

예문

병이 위독하여 목숨이 위태롭다.
당장 어떤 대책을 세우지 않으면 나라의 존립이 위태롭게 된다.

비슷한 어휘

위급하다: 몹시 위태롭고 급하다.
아슬아슬하다: 일 따위가 잘 안될까 봐 두려워서 소름이 끼칠 정도로 마음이 약간 위태롭거나 조마조마하다.

3일

낙관주의자

세상이나 인생을 희망적으로 밝게 보고 사는 사람

컵에 물이 반쯤 차 있는 모습을 보고 어떤 사람은 '물이 반밖에 없네'라고 절망했지만
어떤 사람은 '와, 물이 반이나 남아 있네'라고 기뻐했대요.
여러분은 비관주의자인가요, 낙관주의자인가요?
앞으로 어떤 태도로 삶을 살아가고 싶은가요?

예문

할머니가 그리웠다. 할머니는 다인과 대조적으로, 대책 없는 낙관주의자였다.
힘들고 화가 나는 일이 생겨도, 할머니는 햇빛을 보며 산책하고 돌아와
이내 훌훌 털어버리고 새로운 하루를 시작하곤 했다.

출처: 《책들의 부엌》, 김지혜, 팩토리나인

비슷한 어휘

긍정주의자: 긍정주의를 따르거나 주장하는 사람.(긍정주의: 어떤 일이나 사실을
좋게 여기거나 옳다고 인정하는 태도나 경향.)

반대말 어휘

비관주의자: 세상이나 인생을 어둡게만 보아 모든 일을 슬프고 괴롭게 여기는 태도
를 가진 사람.

29일

허전하다

무엇을 잃거나 의지할 곳이 없어진 것같이 서운한 느낌이 있다

허전한 느낌이 들어 확인해봤더니 중요한 숙제를 집에 두고 왔거나,
필통이 보이지 않거나, 공책이 사라진 경험 있죠?
조금 더 꼼꼼하게 챙겼어야 했는데 이것들은 지금 어디로 간 걸까요?
돌아와라, 내 물건들아.

예문

소희는 자신의 이야기를 털어놓으니 허전했던 마음이 채워지는 느낌이었다.
목구멍 아래와 가슴 사이에 꾹 눌려 있던 뭔가가 스르륵 녹는 기분이었다.

출처: 《책들의 부엌》, 김지혜, 팩토리나인

**비슷한
어휘**

허무하다: 무가치하고 무의미하게 느껴져 매우 허전하고 쓸쓸하다.
울적하다: 마음이 답답하고 쓸쓸하다.

**반대말
어휘**

든든하다: 어떤 것에 대한 믿음으로 마음이 허전하거나 두렵지 않고 굳세다.

4일

뭉클하다

가슴이 갑자기 꽉 차는 듯하다

하루를 보내다보면 갑자기 뭉클한 기분이 들 때가 있어요.
오늘 만난 소중한 친구들, 맛있게 먹은 음식들,
나를 사랑해주는 가족들을 생각하면 고맙고 행복한 마음에
가슴이 뭉클해진답니다.

예문

"내내 가게 문이 닫혀 있었던 건 건강이 안 좋으셔서 그랬나봐.
그런데도 고민 상담은 계속하신 거야.
마지막으로 상담한 사람은 아마 나였던 거 같아. 어쩐지 가슴이 뭉클해지더라."

출처: 《나미야 잡화점의 기적》, 히가시노 게이고, 현대문학

비슷한 어휘

울컥하다: 격한 감정이 갑자기 일어나다.

헷갈리는 표현

'뭉클하다'는 '뭉글하다'의 센 말입니다.
같은 뜻으로 '몽글하다'와 '몽글하다'의 센 말인 '몽클하다'가 있습니다.

28일

어안

어이없어 말을 못 하고 있는 혀 안

가끔 주말에 낮잠을 자고 일어나면 밤인지 낮인지 헷갈리고 어안이 벙벙할 때가 있어요.
푹 잘 잤다는 의미이기도 하니 좋은 거지요!
어안이 벙벙해지는 순간은 얼마 안 있어 사라질 테니
그 순간의 어리둥절함을 잠시 즐기는 것도 나쁘지 않아요.

예문 승현이는 어안이 벙벙하여 한동안 꼼짝하지 못했다.
너무 큰 변을 당하면 어안이 벙벙하여 도리어
아무렇지도 않은 느낌이 든다.

관용구 알기 어안이 벙벙하다: (사람이) 뜻밖에 놀랍거나 기막힌 일을 당하여 어리둥절하다.

5일

눈앞

눈의 앞. 또는 눈으로 볼 수 있는 가까운 곳
아주 가까운 장래

만약에 학교 가는 길에 책가방을 잃어버렸다면?
혹은 책가방을 집에 두고 출발했다면? 얼마나 눈앞이 캄캄할까요.
얼마나 어안이 벙벙할까요.
설마 이런 황당한 일을 우리 친구들이 직접 겪었던 건 아니겠죠?

예문

난 어쩜 이렇게 내세울 재주가 하나도 없는지 모르겠다.
그래도 뭐든지 말을 해야만 했다. 교실 안의 눈동자들이
모두 나를 보고 있었다.
다리가 후들거리고 눈앞이 캄캄했다.

출처: 《잘못 뽑은 반장》, 이은재, 주니어김영사

관용구 알기

눈앞이 캄캄하다: 어찌할 바를 몰라 아득하다.
눈앞이 환해지다: 전망이나 앞길이 뚜렷해지다.
눈앞에 어른거리다: 어떤 사람이나 일 따위에 관한 기억이 떠오르다.

10월

27일

진화하다

일이나 사물 따위가 점점 발달해가다

과학 문명의 진화를 지켜보고 있으면
그 빠른 속도에 놀라움을 금할 수가 없어요.
이러한 눈부신 진화 덕분에 우리가 지금 이렇게 편하고 안락하게 잘살고 있는 거겠죠?

예문

아시모 뒤에는 보이지 않는 곳에서 노트북을 펼치고
열심히 프로그램을 수정하는 조정사들이 있어.
아시모는 지금도 계속해서 진화하고 있어. 아시모는 어디까지 진화할까?

출처: 《미래가 온다, 로봇》, 김성화·권수진, 와이즈만books

비슷한 어휘

발전하다: 더 낮고 좋은 상태나 더 높은 단계로 나아가다.
발달하다: 학문, 기술, 문명, 사회 따위의 현상이 보다 높은 수준에 이르다.

반대말 어휘

퇴보하다: 정도나 수준이 이제까지의 상태보다 뒤떨어지거나 못하게 되다.
퇴행하다: 발달이나 진화의 단계에서 어떤 장애를 만나 현재 이전의 상태나 시기로
되돌아가다.

6일

미적거리다

해야 할 일이나 날짜 따위를 자꾸 미루어 시간을 끌다

학교 갈 시간이 지나도록 미적거리고 방에 앉아 있으면
여지없이 엄마의 재촉이 들려오죠?
어차피 해야 할 일이라면 재촉을 듣지 않도록
미리미리 준비하고 기분 좋게 등교했으면 좋겠어요.

예문

네 시 삼 분. 아깝게 삼 분 늦었다. 시간을 샀을 때,
미적거리지 않고 뛰어왔더라면 지각을 면했을 텐데.
출처: 《시간가게》, 이나영, 문학동네

비슷한 어휘

꾸물거리다: 게으르고 굼뜨게 행동하다.
미루다: 정한 시간이나 기일을 나중으로 넘기거나 늘이다.

헷갈리는 표현

'미적거리다'의 의미로 '미룩거리다'를 쓰는 경우가 있으나 '미적거리다'만 표준어입니다.

10월

26일

까칠하다

야위거나 메말라 살갗이나 털이 윤기가 없고 조금 거칠다

과수원에 가보면 풍성하게 열매를 맺으며 잘 자라는 나무가 있고,
까칠하게 말라 열매를 맺지 못하는 나무도 있어요.
처음에는 비슷한 모습이었을 둘은 왜 이렇게 다른 모습이 되었을까요?

예문
아, 지겨워. 이건 복수다!
나는 사탕을 먹으면서 자기로 했다.
내 맘같이 까칠한 사탕을 골랐다.
출처: 《알사탕》, 백희나, 책읽는곰

비슷한 어휘
까슬까슬하다: 살결이나 물건의 거죽이 매끄럽지 않고 까칠하거나 뻣뻣하다.
거칠다: 나무나 살결 따위가 결이 곱지 않고 험하다.

반대말 어휘
부드럽다: 닿거나 스치는 느낌이 거칠거나 뻣뻣하지 아니하다.

3월

7일

버겁다

물건이나 세력 따위가 다루기에 힘에 겹거나 거북하다

책가방의 무게가 버겁게 느껴지는 날이 있어요.
필요한 것들을 챙기다 보니 어느새 훌쩍 무거워진 책가방.
이런 날에는 연필 한 자루, 공책 한 권을 덜어내어 보세요.
훨씬 가뿐하고 상쾌한 기분으로 출발할 수 있을 거예요.

예문

짐이 무거워 혼자 들기에 버겁다.
숙제가 너무 많아서 오늘 안에 다 하려니 너무 버겁다.

비슷한 어휘

벅차다: 감당하기가 어렵다.
되알지다: 힘에 겨워 벅차다.

10월

25일

고단하다

몸이 지쳐서 느른하다. 일이 몹시 피곤할 정도로 힘들다

교과서
수록 도서!

늦은 밤 돌아온 아빠의 얼굴에 고단함이 묻어 있는 모습을 본 적 있지요?
아빠의 하루는 어땠던 걸까요? 그런 아빠께 내 마음을 다 표현해보세요.
정말 감사하고, 정말 사랑한다고 말이에요.

예문

모두들 사라를 쳐다보았습니다. 사라는 엄마를 떠올렸습니다.
하루가 끝날 무렵 엄마는 얼마나 고단해 보였던지요.
출처: 《사라, 버스를 타다》, 윌리엄 밀러, 사계절

**비슷한
어휘**

피곤하다: 몸이나 마음이 지치어 고달프다.
고되다: 하는 일이 힘에 겨워 고단하다.

**방언
알기**

대근하다: '힘들다, 고단하다'의 전라 지역 방언.
대간하다: '고단하다'의 충청 지역 방언.

8일

천만다행

아주 다행함

옆 반 담임 선생님께서 아주 무서운 분이라는 것을 알고 나면
내가 그 반이 아니라는 사실이 천만다행으로 느껴지고,
우리 반 선생님이 갑자기 천사처럼 친절해 보이죠?
가만히 생각해보면 우리 일상에는 천만다행인 일이 엄청 많답니다.

예문

아줌마는 입버릇처럼 '안네가 우리 딸이라면!'이라고 말씀하시는데,
내가 그 집 딸이 아니길 천만다행이지.

출처: 《안네의 일기》, 안네 프랑크

비슷한 어휘

다행: 뜻밖에 일이 잘되어 운이 좋음.
만만다행: 아주 다행함.

반대말 어휘

불행: 행복하지 아니함. 행복하지 아니한 일. 또는 그런 운수.
불운: 운수가 좋지 않음. 또는 그런 운수.

10월

24일

귀동냥

**어떤 지식 따위를 체계적으로 배우거나 학습하지 않고
남들이 하는 말 따위를 얻어들어서 앎**

부모님의 대화를 귀동냥해본 적 있나요?
어른들이 보는 뉴스 기사를 귀동냥해본 적은요?
모두 다 이해하고 알아들을 수 있는 건 아니지만 그렇게 귀동냥했던 내용이
수업 시간에 나오면 엄청 반갑고 으쓱하답니다.

예문

이사 온 지 얼마 되지 않아 아파트 관리 업체 지정 변경에 관한
결의를 한다고 해서 불려 나간 반상회 자리였을 것이다.
나중에 아주머니들이 수군거리는 말을 얼핏 귀동냥하니
문촌 마음 스포츠 센터에서 에어로빅 강사를 한다는 거였다.

출처: 《자전거 도둑》, 김소진, 삼성출판사

**비슷한
어휘**

소문: 사람들 입에 오르내려 전하여 들리는 말.

**관용구
알기**

눈동냥 귀동냥: 주위나 곁에서 지식 따위를 얻어 보고, 얻어 들어 갖게 되는 일.

9일

미비하다

아직 다 갖추지 못한 상태에 있다

무언가를 마쳐놓고 나면 미비했던 점이 보여서
아쉽고 후회스러운 마음이 들 때가 있어요.
우리는 언제나 완벽할 수는 없기 때문에 미비했던 점을 다시 짚어보면서
'다음엔 더 잘해야지'라고 결심하면서 성장한답니다.

예문

토양에 미치는 영향은 이미 알려진 것과 유사하고,
화학적 방제는 효과가 미비할 수 있으며, 물리적으로 방제하는 것이
우선이라는 결론을 내렸는데, 산림청에서 이미 내린 결론과 동일했다.
출처: 《지구 끝의 온실》, 김초엽, 자이언트북스

비슷한 어휘

부족하다: 필요한 양이나 기준에 미치지 못해 충분하지 아니하다.
불비하다: 제대로 다 갖추어져 있지 아니하다.

반대말 어휘

완전하다: 필요한 것이 모두 갖추어져 모자람이나 흠이 없다.
완벽하다: 결함이 없이 완전하다. 흠이 없는 구슬이라는 뜻에서 나온 말.

23일

인정사정없다

**인정을 베푸는 것도 없고 사정을 봐주는 것도 없다는 뜻으로,
무자비할 만큼 몹시 엄격함을 이르는 말**

책을 읽다 보면 정말 인정사정없이 주인공을 괴롭히는 악당들을 볼 수 있어요.
아무것도 도와주지 않고 주인공이 쓰러질 때까지 못살게 구는 악당이 정말 미워요.
그런데 막상 그런 악당이 사라져버리면 재미도 함께 사라져버려요.

예문

솔레니오는 화가 치밀어 올랐다.
"탐욕스러운 영감 같으니라구.
저렇게 인정사정없는 인간은 처음 보겠어!"
출처: 《베니스의 상인》, 셰익스피어

**비슷한
어휘**

무자비하다: 인정이 없이 냉혹하고 모질다.
무정하다: 따뜻한 정이 없이 쌀쌀맞고 인정이 없다.

10일

언저리

둘레의 가 부분

꼭 이루고 싶은 꿈이 있다면 그 언저리에 가보세요.
축구선수를 꿈꾼다면 축구선수들이 뛰는 운동장 언저리에 가서 지켜보고,
판사가 꿈이라면 재판이 벌어지는 법정에 가서 유심히 관찰해보세요.
이런 언저리에서의 경험이 꿈을 이루는 데 큰 힘이 될 거예요.

예문
드디어 제비풀한테서 꽃이 마악 피어나는 순간이었습니다.
창가에 누운 승태의 눈길이 제비꽃 언저리에 가 닿았습니다.
출처: 《오세암》, 정채봉, 샘터

비슷한 어휘
주위: 어떤 곳의 바깥 둘레.
가: 경계에 가까운 바깥쪽 부분.

관련 어휘 알기
호반: 호수의 언저리
눈시울: 눈언저리의 속눈썹이 난 곳.

22일

능숙하다

능하고 익숙하다

자전거를 처음 배우던 때가 생각나나요?
타기만 하면 넘어지던 시절에는 지금처럼 능숙하게
자전거를 타게 되리라고 생각하지 못했을 거예요.
우리는 이렇게 멋지게 성큼성큼 성장하고 있어요.

예문

커다란 칠판에 '학급 회의'라는 글자가 적혀 있었다.
채원이가 능숙하게 회의를 진행하기 시작했다.
"오늘의 안건이 있는 사람은 말씀해주세요."
출처: 《순한 맛, 매운 맛 매생이 클럽 아이들》, 이은경, 한국경제신문사

비슷한 어휘

능란하다: 익숙하고 솜씨가 있다.
능하다: 어떤 일 따위에 뛰어나다.

반대말 어휘

서투르다: 일 따위에 익숙하지 못하여 다루기에 설다.

11일

어지간하다

수준이 보통에 가깝거나 그보다 약간 더하다

학교 급식 시간에 보면 정말 맛있게 잘 먹는 친구들이 있어요.
어지간하면 못 먹는 반찬이 없고, 어지간하면 정말 맛있다고 하지요.
그렇게 잘 먹는 친구들은 건강한 몸으로 자라
멋지게 살아가는 어른이 될 거라 확신해요.

예문 국어 성적은 어지간하게 올랐으니
이젠 수학 성적에 신경 좀 써라.

헷갈리는 표현 에지간하다: '어지간하다'의 잘못된 표현으로
'어지간하다'만 표준어로 삼고 있습니다.

21일

각별하다

어떤 일에 대한 마음가짐이나 자세 따위가 유달리 특별하다

각별하게 생각했던 친구가 갑자기 전학을 간다면
그 허전함은 이루 말할 수가 없어요.
서로에게 각별한 존재가 있다는 건 참 감사하고 행복한 일이지요.
그 친구도 똑같이 아쉬운 마음일 거예요.

예문
윤우와 서원이는 각별한 사이다.
화초는 보는 재미와 더불어 가꾸는 재미가 또한 각별하다.

비슷한 어휘
남다르다: 보통의 사람과 유난히 다르다.
특별하다: 보통과 구별되게 다르다.

뜻풀이 속 어휘
유달리: 여느 것과는 아주 다르게.
유난히: 언행이나 상태가 보통과 아주 다르게. 또는 언행이 두드러지게 남과 달라 예측할 수 없게.

12일

나위

더 할 수 있는 여유나 더 해야 할 필요

더할 나위 없이 행복한 날이 있죠? 원하던 선물을 받은 크리스마스 아침, 가족과 함께 하는 행복한 여행, 좋아하는 친구와 짝궁이 된 날처럼 말이에요. 우리 친구들의 일상에 더할 나위 없이 행복한 일이 자주 생겼으면 좋겠어요.

예문
새집으로 이사했더니 더할 나위 없이 좋다.
그 일로 사장의 위신이 땅에 떨어졌음은 더 이야기할 나위가 없다.

비슷한 어휘
여지: 어떤 일을 하거나 어떤 일이 일어날 가능성이나 희망.

관용구 알기
더할 나위 없다: (무엇이) 아주 좋거나 완전하여 그 이상 더 말할 것이 없다.

20일

겨를

어떤 일을 하다가 생각 따위를
다른 데로 돌릴 수 있는 시간적 여유

잠시 앉아 오늘 하루를 돌아볼 겨를이 있었나요?
하루를 돌아보고 사색하는 시간을 가지는 것은
차분하고 정돈된 일상을 위해 정말 중요하답니다. 바쁜 와중에도 시간을 내어보아요.

예문

하지만 그들은 먹는 일에만 정신이 팔려 있어서
이야기할 겨를이 없었습니다.
출처: 《꽃들에게 희망을》, 트리나 폴러스, 시공주니어

**비슷한
어휘**

틈: 어떤 일을 하다가 생각 따위를 다른 데로 돌릴 수 있는 시간적인 여유.
사이: 어떤 일에 들이는 시간적인 여유나 겨를.

13일

훑어보다

한쪽 끝에서 다른 끝까지 쭉 보다. 위아래로 또는 처음부터 끝까지 빈틈없이 죽 눈여겨보다

서점에 들어서면 먼저 서점 전체를 한번 훑어보세요.
그리고 내가 좋아하는 책들이 있는 곳으로 가서 눈길을 끄는 책을 꺼내어보세요.
생각보다 별로인가요? 주저하지 말고 또 다른 책들을 훑어보면서
내 인생의 책을 찾아보세요.

예문

작은 연립 아파트의 2층 창엔 불이 환하게 켜져 있다.
아파트 입구로 들어가며 편지함을 훑어보는 건
내 버릇이었다.

출처: 《복제인간 윤봉구》, 임은하, 비룡소

**비슷한
어휘**

통견하다: 전체를 통하여 보다. 또는 한 눈으로 훑어보다.
눈여겨보다: 주의 깊게 잘 살펴보다.

10월

19일

위중하다

병세가 위험할 정도로 중하다

드라마를 보면 위중한 상태의 환자의 생명을 지키기 위해
애쓰는 의사들의 모습이 나와요.
흥미진진하기도 하고, 멋져 보이기도 하고, 아슬아슬해 보이기도 해요.
의사의 활약으로 결국 생명을 구하면 내가 한 것도 아닌데 흐뭇한 마음이 들어요.

예문

읍내에 가까운 화심리에서 세상을 등지고 사는
장암 선생의 병세가 매우 위중하다는 기별을 받은 최치수는
반나절이나 조금 지났을 무렵 수동이를 거느리고 집을 나섰다.

출처: 《토지》, 박경리, 마로니에북스

**비슷한
어휘**

위독하다: 병이 매우 중하여 생명이 위태롭다.
중하다: 병이나 죄 따위가 대단하거나 크다.

**뜻풀이 속
어휘**

병세: 병의 상태나 형세.
형세: 일이 되어가는 형편.

14일

알은체

**사람을 보고 인사하는 표정을 지음
어떤 일에 관심을 가지는 듯한 태도를 보임**

가족들과 마트에 갔는데 우리 반 친구와 딱 마주쳤다면 반갑게 알은체를 해보세요.
아는 둥 마는 둥 멀뚱멀뚱 쳐다보기만 하면 서로 서운하고 어색하거든요.
이번을 계기로 정말 친한 친구가 될 수도 있으니까요.

예문

"안녕!"
영훈이가 눈까지 찡긋하며 알은체를 했지만 나는 그냥 고개를 돌려버렸다.
출처: 《시간가게》, 이나영, 문학동네

**비슷한
어휘**

알은척: '알은체'와 같은 말.

**헷갈리는
표현**

'알은체'는 '사람을 보고 인사하는 표정을 짓는다'는 뜻으로 하나의 어휘로 붙여 씁니다. '아는 체'는 '모르는데도 아는 것처럼 말하거나 행동함'을 이르는 말로 '아는'과 '체'를 띄어서 씁니다.

18일

등잔

기름을 담아 등불을 켜는 데에 쓰는 그릇

전기 조명이 없는 조선 시대에는 등잔을 사용했다고 해요.
등잔불 밑에서 책을 읽고 공부하고 이야기를 나누었다니,
정말 분위기 있고 멋지지 않나요?
아, 켜고 끄는 일이 좀 불편할 것 같긴 하지만요.

예문

톰은 등잔불을 밝힌 후 수건으로 불빛을 감쌌다.
허클베리가 망을 보는 동안 톰은 조심조심 안으로 들어갔다.

출처: 《톰 소여의 모험》, 마크 트웨인, 미래엔아이세움

**비슷한
어휘**

화등잔: 기름을 담아 등불을 켜는 데에 쓰는 그릇.

**속담
알기**

등잔 밑이 어둡다: 대상에서 가까이 있는 사람이 도리어 대상에 대하여 잘 알기 어렵다는 말.

15일

콩닥거리다

심리적인 충격을 받아 가슴이 자꾸 세차게 뛰다

반장 선거에 출마해본 적 있나요? 출마를 결심하고 나면
선거가 끝날 때까지 계속 가슴이 콩닥거리죠.
그런 콩닥거림을 누르고 마침내 선거를 잘 마쳤다면 반장이 되었든, 안 되었든
아주 귀한 성장의 시간이었을 거예요.

예문

내 차례가 다가올수록 가슴이 점점 더 콩닥거려서
가만히 앉아 있을 수가 없었어요.
그래서 일찌감치 일어서서 교탁 주위를 서성거렸죠.
출처:《콩닥콩닥 짝 바꾸는 날》, 강정연, 시공주니어

비슷한 어휘

두근거리다: 몹시 놀라거나 불안하여 가슴이 자꾸 뛰다. 또는 그렇게 하다.
콩닥대다, 콩닥콩닥하다: 심리적인 충격을 받아 가슴이 자꾸 세차게 뛰다.

17일

조숙하다

나이에 비하여 정신적·육체적으로 발달이 빠르다

조숙한 친구들을 보면 부럽기도 하고 신기하기도 하지요.
어쩜 저렇게 어른스러울까, 어쩜 저렇게 의젓할까 싶어요.
조숙한 친구들이 사용하는 말투, 입고 다니는 옷,
하는 행동을 보면서 어른이 된 내 모습을 상상해볼까요?

예문	현우는 대단히 총명하고 조숙해서 마치 어른과 같다. 초등학교 때 첫사랑을 한 걸 보면 나도 꽤 조숙했던 것 같다.

비슷한 어휘

어른스럽다: 나이는 어리지만 어른 같은 데가 있다.
올되다: 나이에 비하여 발육이 빠르거나 철이 빨리 든다.

반대말 어휘

만숙하다: 나이에 비하여 정신적, 육체적으로 발달이 느리다.

16일

당치않다

(무엇이) 이치에 어그러져 합당하지 아니하다

당치도 않은 말을 하고 바락바락 우기는 친구를 보면서
할 말을 잃어본 적 있을 거예요.
그럴 때 '뭐야, 짜증 나'라고 지나치지 말고,
친구의 행동을 보며 혹시 나도 그런 적은 없었는지 돌아보면 좋겠죠?

예문

양반님댁 귀한 아가씨에게 푸실이 저처럼 허리에 종기가 나도록
동생을 업어주고, 나무껍질을 벗기라는 말은 당치도 않았다.
출처: 《담을 넘은 아이》, 김정민, 비룡소

비슷한 어휘

마땅찮다: 알맞지 않거나 마음에 달갑지 않다.
가당찮다: (말이나 일이)사리에 합당하거나 마땅하지 않다.

반대말 어휘

마땅하다: 행동이나 대상 따위가 일정한 조건에 어울리게 알맞다.

16일

도리어

예상이나 기대 또는 일반적인 생각과는 반대되거나 다르게

자기가 먼저 실수해놓고 도리어 내게 크게 화를 내는 사람을 보면 기가 막히죠.
나도 똑같이 큰소리로 화낼 수 있지만,
그럴 때는 오히려 너그러운 마음으로 이해해주는 건 어떨까요?
실수한 사람이 잘못을 스스로 깨달을 수 있도록 말이에요.

예문

새벽녘에 앉아 지난밤 꿈을 생각해보았다.
밤에는 나쁜 꿈인 듯하였으나 곰곰이 생각하니 도리어 길한 것 같았다.
출처: 《난중일기》, 이명애, 파란자전거

비슷한 어휘

오히려: 일반적인 기준이나 예상, 짐작, 기대와는 전혀 반대가 되거나 다르게.

준말 알기

되레: '도리어'의 준말.
외려: '오히려'의 준말.

17일

일시적

짧은 한때의 것. 짧은 한때의

마음이 복잡하고 힘든 일이 생겼을 땐,
지금 이 어려움이 일시적인 건 아닐지 곰곰이 생각해보세요.
세상에는 이런 멋진 말도 있다는 걸 기억해도 좋고요.
"이 또한 지나가리라."

예문

"당연하지. 꽃은 일시적인 존재라니까."
어린 왕자는 가슴이 아팠어요.
금방 없어질지도 모르는 여린 장미꽃을 홀로 남겨두고 떠나왔으니까요.

출처: 《어린 왕자》, 생텍쥐페리

**비슷한
어휘**

한시적: 일정한 기간에 한정되어 있는 것.
잠정적: 임시로 정하는 것.

**반대말
어휘**

영구적: 오래도록 변하지 아니하는 것. 오래도록 변하지 아니하는.
항구적: 변하지 아니하고 오래가는 것.

10월

교과서
수록 도서!

15일

견디다

사람이나 생물이 일정한 기간 동안 어려운 환경에 굴복하거나
죽지 않고 계속해서 버티면서 살아 나가는 상태가 되다

힘들고, 덥고, 졸리고, 배고프고, 귀찮고, 이런 어려움을 다 견뎌내고
계획했던 일을 다 해냈을 때의 뿌듯함을 느껴본 적 있나요?
가장 강한 사람은 나 자신을 이기는 사람이래요.
하기 싫은 마음을 견디고 나를 이겨보세요.

예문
당장이라도 교실 밖으로 뛰쳐나가고 싶을 만큼
자존심이 상했지만 우진이와 다시 짝이 되려면
이 정도 창피는 견뎌야 한다고 마음을 달래었어요.
출처: 《콩닥콩닥 짝 바꾸는 날》, 강정연, 시공주니어

**비슷한
어휘**
버티다: 어려운 일이나 외부의 압력을 참고 견디다.
감내하다: 어려움을 참고 버티어 이겨내다.

18일

아랑곳하다

일에 나서서 참견하거나 관심을 두다

선생님께서 열심히 수업하고 계신데도 아랑곳하지 않고 소곤소곤 떠들면서
수업을 방해하는 친구를 본 적이 있을 거예요. 이런 행동은 선생님에 대한
예의가 아닌 것은 물론이고, 반 친구들에게 피해를 주는 행동이기도 해요.
설마, 우리 친구들이 그런 행동을 하는 건 아니겠죠?

예문

"선생님, 제가 한번 달래볼까요? 로티하고 친하거든요."
"그래? 그럼 한번 해봐라. 넌 뭐든지 잘하잖니?"
빈정대는 말투였지만 세라는 아랑곳하지 않고 방으로 들어갔다.

출처: 《소공녀》, 프랜시스 호지슨 버넷

**비슷한
어휘**

참견하다: 자기와 별로 관계없는 일이나 말 따위에 끼어들어 쓸데없이 아는 체하거
나 이래라저래라 하다.
상관하다: 서로 관련을 가지다.

**관용구
알기**

아랑곳 여기다: 관심 있게 생각하다.

10월

14일

눈초리

어떤 대상을 바라볼 때 눈에 나타나는 표정

학교 갈 준비는 안 하고 늑장을 부리는 아침이면
이런 나를 보는 엄마의 눈초리가 심상치 않죠?
그 눈초리를 피해 방으로, 화장실로 도망 다녀보지만,
결국 별수 없이 잔소리를 듣고 학교로 출발하지요.

예문

엄마의 매서운 눈초리에 동생과 나는 얼어붙고 말았다.
나는 갑자기 쏟아지는 의심의 눈초리를 감당하기 힘들었다.

비슷한 어휘

눈빛: 눈에 나타나는 기색.
시선: 주의 또는 관심을 비유적으로 이르는 말.

어휘 속 어휘

초리: 어떤 물체의 가늘고 뾰족한 끝부분. 그래서 '눈초리'는 '귀 쪽으로 가늘게 좁혀진 눈의 가장자리'를 뜻하기도 해요.

19일

자취

어떤 것이 남긴 표시나 자리

먹고 난 자리에 그 자취가 고스란히 남아 있는 경우가 있어요.
먹던 음식을 흘려놓거나, 그릇을 치우지 않으면 그렇겠죠.
내가 먹은 음식의 자취가 남지 않도록
깔끔하게 뒷정리하는 습관을 가져보아요.

 예문

옛 고향은 자취조차 찾을 길이 없게 되었다.
밤이 깊어 왕래하는 사람들의 자취가 뜸하다.

비슷한 어휘

자국: 다른 물건이 닿거나 묻어서 생긴 자리. 또는 어떤 것에 의하여 원래의 상태가 달라진 흔적.
궤적: 어떤 일을 이루어온 과정이나 흔적.

관용구 알기

자취를 감추다: 남이 모르게 어디로 가거나 숨다. 어떤 사물이나 현상 따위가 없어 지거나 바뀌다.
논 자취는 없어도 공부한 공은 남는다: 놀지 않고 힘써 공부하면 훗날 그 공적이 반드시 드러난다는 말.

13일

곤혹스럽다

곤혹을 느끼게 하는 점이 있다

친구의 무리한 부탁에 곤혹스러울 때가 있어요.
큰돈을 빌려달라고 하거나, 다른 친구와 놀지 말라고 할 때예요.
혼자 해결하기 어려운 곤혹스러운 상황에서는
끙끙 앓지 말고 부모님과 선생님께 도움을 청하면 된다는 사실, 잊지 마세요!

예문

직장인들은 주위 사람들이 언제 승진하느냐고 물어올 때가
가장 곤혹스럽다.

비슷한 어휘

당혹스럽다: 정신이 헷갈리거나 생각이 막혀 어찌할 바를 몰라 하는 데가 있다.

어휘 속 어휘

곤혹: 무슨 일을 당하여 정신이 헷갈리거나 생각이 막혀 어찌할 바를 몰라 함. 또는 그런 감정.

교과서
수록 도서!

20일

귀담아듣다

주의하여 잘 듣다

선생님은 어떤 학생을 가장 고맙게 생각할지 궁금하죠?
모든 선생님의 공통적인 속마음을 알려줄게요.
바로 선생님께서 말씀하실 때 귀담아듣는 학생이에요. 사람은 누구나
내 얘기에 관심을 보이고 잘 들어주는 사람에게 호감과 고마움을 느낀답니다.

예문

우리 몸이 힘들어할 때마다 귀담아들어야 할까요?
우리 몸은 언제든 아파도 되나요? 우리 몸이 하고 싶은 대로 따라야 하나요?
우리는 몸과 생각이 하라는 대로만 해야 할까요?

출처: 《자유가 뭐예요?》, 오스카 브르니피에, 상수리

**비슷한
어휘**

새겨듣다: 잊지 아니하도록 주의해서 듣다.
경청하다: 귀를 기울여 듣다.

10월

12일

어렴풋하다

기억이나 생각 따위가 뚜렷하지 아니하고 흐릿하다

시험지를 받아들면 아차, 싶을 때가 있어요.
확실하게 생각나는 게 아니고 어렴풋하게 알 것 같은 문제가 나올 때가 종종 있거든요.
어렴풋했던 것들을 확실하게 머릿속에 넣는 연습이 필요해요.
내 꿈을 이루고 싶다면 말이에요!

예문
그것이 구체적으로 무엇을 뜻하는 상황인지 알 수 없었지만,
하지만 어렴풋한 느낌은 있었고, 설사 그것이 어떤 상황이 되었든
내게는 중요하지 않았을 것이다.
출처: 《봉순이 언니》, 공지영, 해냄

비슷한 어휘
희미하다: 분명하지 못하고 어렴풋하다.
까마득하다: 시간이 아주 오래되어 기억이 희미하다.

한자어 알기
비몽사몽: 완전히 잠이 들지도 잠에서 깨어나지도 않은 어렴풋한 상태.

21일

심사

어떤 일에 대한 여러 가지 마음의 작용
마음에 맞지 않아 어깃장을 놓고 싶은 마음

부모님의 한 말씀, 친구의 한마디에 심사가 뒤틀릴 때가 있어요.
그럴 땐 나도 확 한마디 해버리고 싶지만 참을 때도 많죠?
내가 한 행동은 결국 내게 돌아온다고 해요.
들이받고 싶지만 참아낸 우리 친구들, 칭찬해요.

예문

누나는 시험에 떨어져 심사가 편하지 않다.
그는 고향 생각만 하면 심사가 울적해지곤 하였다.

**비슷한
어휘**

심통: 마땅치 않게 여기는 나쁜 마음.
심정: 마음속에 품고 있는 생각이나 감정.

**관용구
알기**

심사가 뒤틀리다: (사람이) 기분이 나빠 고약하고 심술궂은 마음이 일어나다.
심사를 털어놓다: 마음에 품은 생각을 다 내놓고 말하다.

10월

11일

당혹스럽다

정신이 헷갈리거나 생각이 막혀 어찌할 바를 몰라 하는 데가 있다

모둠에서 이야기를 나누다 보면 내 생각과
너무 다른 생각을 하는 친구 때문에 당혹스러울 때가 있을 거예요.
사람은 그토록 서로 다른 존재랍니다. 그럴 땐 반대로 한번 생각해볼까요?
그 친구는 생각이 다른 나를 보며 얼마나 당혹스러울지 말이에요.

예문

믿었던 친구에게 배신을 당하니 매우 당혹스럽다.
아버지의 깜짝 선언은 우리 모두를 당혹스럽게 만들었다.

비슷한 어휘

어리둥절하다: 무슨 영문인지 잘 몰라서 얼떨떨하다.
당황스럽다: 놀라거나 다급하여 어찌할 바를 몰라 하는 데가 있다.

22일

채비

어떤 일이 되기 위하여 필요한 물건, 자세 따위가 미리 갖추어져
차려지거나 그렇게 되게 함. 또는 그 물건이나 자세

학교 갈 채비를 마쳤는데 갑자기 배가 아파 화장실에 들렀다가 지각한 적 있죠?
이런 혹시 모를 일에 대비해 5분만 더 빨리 채비를 마치면 지각을 피할 수 있어요.
자, 그럼 우리 화장실 한번 다녀와볼까요?

예문

"그다지 나쁜 경험은 아니었어."
우린 이렇게 말하면서 또다시 죽음과 맞설 채비를 한다.
출처:《모리와 함께한 화요일》, 미치 엘봄, 살림출판사

비슷한 어휘

준비: 미리 마련하여 갖춤.
대비: 앞으로 일어날지도 모르는 어떠한 일에 대응하기 위하여 미리 준비함. 또는
그런 준비.

원말 알기

차비: '채비'의 원말. '차비'와 '채비' 모두 표준어로 삼고 있으나 원말인 '차비'보다 '채
비'를 더 많이 사용합니다.
*원말-변하기 전의 본디말.

10월

10일

종사하다

어떤 일에 마음과 힘을 다하다. 어떤 일을 일삼아서 하다

세상에는 정말 다양한 직업이 있어요.
그 어떤 직업이든 그 일과 그 일에 종사하는 분들의 수고는
존중해야 하는 소중한 가치라고 생각해요.
우리 친구들은 나중에 어른이 되어서 어떤 직업에 종사하고 싶은가요?

예문

무엇보다도 의류 생산에 종사했던 노동자들이 컴퓨터 생산에 종사하려면
새로운 기술 습득을 위해 상당한 훈련기간이 필요합니다.

출처: 《사회 선생님이 들려주는 공정무역 이야기》, 전국사회교사모임, 살림출판사

비슷한 어휘

몸담다: 어떤 직업이나 분야에 종사하거나 그 일을 하다.
근무하다: 직장에 적을 두고 직무를 종사하다.

3월

23일

식다

더운 기가 없어지다

친구들 앞에서 큰소리로 발표하는 일은
무척이나 긴장되고 가슴 콩닥거리는 일이지만
여러 번 하다 보면 식은 죽 먹기랍니다.
처음 하는 일은 늘 긴장되고 힘들지만 곧 나아지니까 걱정 말아요.

예문

어차피 민지가 몰래 넣은 편지였다. 민지가 말하지 않으면 아무도 모를 일.
태주 가방이나 책갈피에 이걸 슬쩍 끼워 넣는 일이야 식은 죽 먹기고.

출처: 《나에게 없는 딱 세 가지》, 황선미, 위즈덤하우스

**속담
알기**

식은 죽 먹기: 거리낌 없이 아주 쉽게 예사로 하는 모양.
식은 죽도 불어가며 먹어라: 아무리 쉬운 일이라도 한 번 더 확인한 다음에 하는 것
이 안전함을 비유적으로 이르는 말.

9일

도모하다

어떤 일을 이루기 위하여 대책과 방법을 세우다

텔레비전에 나오는 작은 동물들의 모습을 보면 안쓰럽기도 하고
신비롭기도 해요. 생명의 위협을 받는 위급한 상황에서도
목숨을 도모하기 위해 안간힘을 쓰고,
결국 자신과 새끼들의 생명을 지켜내는 모습에 절로 박수가 나와요.

예문

처음엔 그저 그들을 흉내 냄으로써 안전을 도모한다는 뜻에서
시작한 일이었는데, 점차 그들과 나 사이에는 과연
무슨 차이가 있는 걸까 궁금해졌다.
출처: 《작별인사》, 김영하, 복복서가

비슷한 어휘

계획하다: 앞으로 할 일의 절차, 방법, 규모 따위를 미리 헤아려 작정하다.
꾀하다: 어떤 일을 이루려고 뜻을 두거나 힘을 쓰다.

관용구 알기

목숨을 도모하다: 죽을 지경에서 살길을 찾으려 하다.

24일

벅차오르다

큰 감격이나 기쁨으로 가슴이 몹시 뿌듯하여 오다

손흥민 선수가 저 멀리 유럽 프리미어 리그에서 득점왕에 올랐다는 소식에
우리 국민들의 마음이 벅차올랐어요.
그건 우리가 같은 민족이기 때문이지요.
자랑스러운 손흥민 선수, 더욱 흥해라!

예문

마르코는 더 이상 로사리오 시내 한구석에
쪼그리고 앉아 울던 불쌍한 소년이 아니었다.
유쾌하고 정 많은 고향 사람들 틈에서 마르코는 가슴이 벅차올랐다.

출처: 《엄마 찾아 삼만리》, 에드몬도 데 아미치스, 미래엔아이세움

비슷한 어휘

뿌듯하다: 기쁨이나 감격이 마음에 가득 차서 벅차다.

헷갈리는 표현

'벅차다'는 ①감당하기가 어렵다. ②감격, 기쁨, 희망 따위가 넘칠 듯이 가득하다. ③숨이 견디기 힘들 만큼 가쁘다'라는 세 가지 뜻을 지니고 있습니다. 반면 '벅차오르다'는 '벅차다'의 두 번째 뜻에 해당하는 어휘로 좀 더 긍정적 의미를 가지고 있다고 볼 수 있어요.

10월

8일

애태우다

몹시 답답하게 하거나 안타깝도록 속을 끓이다

요즘 애태우며 걱정하고 기다리는 일이 있나요?
그 순간에는 어서 이 일이 지나갔으면 좋겠다 싶은데,
막상 잘 지나가고 나면 왜 그렇게까지 애태웠을까 싶은 마음이 들기도 해요.
이렇게 조금씩 성숙해지는 건가요.

예문

그들이 과연 들키지 않고 용을 무사히 보낼 수 있을까 하며
그렇게 애태우지만 않았어도, 해그리드가 노버트에게 작별 인사를
해야 할 시간이 왔을 때 그를 조금은 가엾게 여겼을 것이다.
출처: 《해리 포터와 마법사의 돌》, J.K. 롤링, 김혜원 역, 문학수첩

**비슷한
어휘**

끌탕하다: 속을 태우며 걱정하다.
고심하다: 몹시 애를 태우며 마음을 쓰다.

**헷갈리는
표현**

간태우다: '애태우다'의 잘못된 표현.

3월

교과서 수록 도서!

25일

안절부절못하다

마음이 초조하고 불안하여 어찌할 바를 모르다

안절부절못하고 불안해하는 친구에게는 어떤 위로가 필요할까요?
만약 내가 그런 상황에 처해 있다면 어떤 위로를 받고 싶은가요?
우리는 모두 위로와 격려가 필요해요.
먼저 위로를 주는 사람이 되어볼까요?

예문

그런데 어제까지 신나게 뛰어다니던 이호의 표정이 이상했어요.
다리를 배배 꼬며 안절부절못했지요.

출처: 《꼴찌라도 괜찮아》, 유계영, 휴이넘

비슷한 어휘

조바심하다: 조마조마하여 마음을 졸이다.
안달하다: 속을 태우며 조급하게 굴다.

헷갈리는 표현

안절부절하다: '안절부절못하다'를 '안절부절하다'로 잘못 사용하는 경우가 있으나
바른 표현은 '안절부절못하다'입니다.

10월

7일

열등감

자기를 남보다 못하거나 무가치한 인간으로 낮추어 평가하는 감정

학교에서 나보다 잘하는 친구를 보면 나도 모르게 열등감에 빠지게 되기도 해요.
누가 내게 뭐라고 지적한 것도 아닌데 말이죠.
자꾸 열등감이 들어 작아지는 느낌이 들 때는
내가 가진 멋진 것들을 하나씩 떠올려보세요.

예문

열등감 자체는 조금도 나쁘지 않단다. 아까도 말했지?
사람은 누구나 지금보다 더 나아지길 바란단고.
열등감도 어쩌면 더 나아지길 바라는 마음 때문에 생기는 것이거든.

출처: 《미움 받아도 괜찮아》, 황재연, 인플루엔셜

**비슷한
어휘**

콤플렉스(complex): 자기가 다른 사람에 비하여 뒤떨어졌다거나 능력이 없다고 생각하는 만성적인 감정 또는 의식.
비하: 자기 자신을 낮춤.

**반대말
어휘**

우월감: 남보다 낫다고 여기는 생각이나 느낌.

3월

26일

깃들다

감정, 생각, 노력 따위가 어리거나 스미다

할머니 댁에 가면 늘 푸짐한 밥상을 차려주시는데요,
그 음식이 더 맛있게 느껴지는 이유는
할머니의 사랑과 정성이 듬뿍 깃들어 있기 때문이에요.

예문

즉 통찰력 있는 사람이라면 매슈 커스버트가 터무니없이 겁을 내는,
이 집 없는 여자 아이의 몸에 남다른 영혼이 깃들어 있다고
단정 지었을지도 몰랐다.

출처: 《빨간 머리 앤》, 루시 모드 몽고메리

비슷한 어휘

서리다: 어떤 기운이 어리어 나타나다.

뜻풀이 속 어휘

어리다: 어떤 현상, 기운, 추억 따위가 배어 있거나 은근히 드러나다.
스미다: 마음, 정 따위가 담겨 있다.

10월

6일

사족

사지를 속되게 이르는 말

우연히 텔레비전을 틀었는데 내가 가장 좋아하는
연예인이 나오면 사족을 못 쓸 때가 있어요.
누군가를 진심으로 좋아한다는 건 정말 멋진 일, 행복한 일이에요.
앞으로 우리 친구들이 사족을 못 쓸 만큼 좋아하는 사람을 많이 만나게 되었으면 좋겠어요.

예문

난 이야기라면 사족을 못 썼다.
게다가 어려운 이야기라면 반쯤 미쳤다.
출처: 《나의 라임 오렌지나무》, J.M. 바스콘셀로스

뜻풀이 속 어휘

사지: 사람의 두 팔과 두 다리를 통틀어 이르는 말.

관용구 알기

사족을 못 쓰다: 무슨 일에 반하거나 혹하여 꼼짝 못하다.

27일

삭이다

긴장이나 화를 풀어 마음을 가라앉히다

속상한 마음을 삭이고 싶을 때, 우리 친구들은 어떤 방법을 주로 사용하나요?
좋아하는 노래를 듣거나, 맛있는 음식을 먹거나, 즐겨보던 유튜브 채널의 영상을 보거나,
실컷 잠을 자고 나면 속상했던 마음을 삭일 수 있어요.
혹시 더 좋은 방법이 있다면 알려줄래요?

예문

잎싹은 나중에 매우 조심스럽게 안으로 들어갔다.
성질을 삭이지 못한 늙은 개만 마당을 오락가락했다.

출처: 《마당을 나온 암탉》, 황선미, 사계절

**비슷한
어휘**

누르다: 자신의 감정이나 생각을 밖으로 드러내지 않고 참다.
참다: 웃음, 울음, 아픔 따위를 억누르고 견디다.

**헷갈리는
표현**

삭히다: 흔히 '화를 삭히다'라고 표현하는 경우가 있으나 '삭히다'는 '김치나 젓갈 따
위의 음식물이 발효되어 맛이 들다'라는 뜻입니다. '화를 삭이다'가 바른 표현이에요.

10월

5일

야속하다

무정한 행동이나 그런 행동을 한 사람이 섭섭하게 여겨져 언짢다

친구에게, 부모님께, 가족에게 야속한 마음이 들 때가 있어요.
사람마다 생각이 다르기 때문에 다 내 맘 같지 않죠.
야속한 마음이 들어 속이 상할 때는 이렇게 생각해보세요.
'아, 나도 누군가의 마음을 야속하게 만들었겠구나!'

예문

지우는 내 부탁을 야속하게도 거절했다.
내 마음을 몰라주니 참 야속하다.

~~~~~~~~~~~~~~~~~~~~~~~~~~~~~~~

뜻풀이 속 어휘

언짢다: 마음에 들지 않거나 좋지 않다.
무정하다: 따뜻한 정이 없이 쌀쌀맞고 인정이 없다.

28일

으리으리하다

모양이나 규모가 압도될 만큼 굉장하다

우리나라에서 가장 높은 롯데타워를 본 적 있나요?
멀리서 봐도 그 으리으리한 모습에 놀라게 된답니다.
그런 멋진 타워를 가진 대한민국이 괜히 더 자랑스러워져요.

예문

고래 등같이 으리으리한 기와집.
집을 고급 목재로 으리으리하게 꾸몄다.

비슷한 어휘

어마어마하다: 매우 놀랍게 엄청나고 굉장하다.
엄청나다: 짐작이나 생각보다 정도가 아주 심하다.

뜻풀이 속 어휘

압도되다: 보다 뛰어난 힘이나 재주에 눌려 꼼짝 못 하게 되다.

4일

문명

인류가 이룩한 물질적, 기술적, 사회 구조적인 발전 자연 그대로의 원시적 생활에 상대하여 발전되고 세련된 삶의 양태를 뜻함

오늘날처럼 문명이 빠른 속도로 발전하고 변화하는 시대에는
그 어느 때보다 독서가 중요합니다. 독서를 많이 해야 수많은 정보 중에서
정말 중요하고 필요한 것을 분별하는 눈을 가질 수 있거든요.

예문

북쪽 나라의 마녀는 도로시에게 문명이 발달하지 않은 곳에서
아직도 마법사나 마녀가 살고 있다고 말했다.

출처: 《오즈의 마법사》, L. 프랭크 바움, 미래엔아이세움

비슷한 어휘

문화: 자연 상태에서 벗어나 일정한 목적 또는 생활 이상을 실현하고자 사회 구성원에 의하여 습득, 고유, 전달되는 행동 양식이나 생활양식의 과정 및 그 과정에서 이룩하여 낸 물질적·정신적 소득을 통틀어 이르는 말.

반대말 어휘

미개: 사회가 발전되지 않고 문화 수준이 낮은 상태.
야만: 미개하여 문화 수준이 낮은 상태. 또는 그런 종족.

29일

오지랖

웃옷이나 윗도리에 입는 겉옷의 앞자락

교실의 친구들 중 유독 오지랖이 넓은 친구가 있을 거예요.
같은 모둠도 아니면서 우리 모둠의 과제에 끼어든다든가,
심판도 아니면서 이러쿵저러쿵 판정을 내리기도 하죠.
그 친구들의 넘치는 에너지는 도대체 어디에서 나오는 걸까요?

예문

일구 형은 공부에 흥미가 없고 다른 애들처럼 게임을 좋아하는 것도 아니라서
혼자 여기저기를 돌아다니며 논다고 했다. 워낙 오지랖이 넓어서
온 동네일에 참견을 하고 꼬마들 싸움도 심판을 봐준다고 했다.

출처: 《내 친구 안토니우스》, 장미, 키다리

**비슷한
어휘**

참견하다: 자기와 별로 관계없는 일이나 말 따위에 끼어들어 쓸데없이 아는 체하거
나 이래라저래라 하다.
간섭하다: 직접 관계가 없는 남의 일에 부당하게 참견하다.

**관용구
알기**

오지랖(이) 넓다: 쓸데없이 지나치게 아무 일에나 참견하는 면이 있다.

10월

3일

투자

이익을 얻기 위하여 어떤 일이나 사업에 자본을 대거나 시간이나 정성을 쏟음

정말 좋아하는 일, 잘하고 싶은 일이 있다면 지금 내가 할 수 있는 만큼
많은 시간과 노력을 투자해보세요. 노력은 배신하지 않거든요.
시간과 노력의 힘으로 좋아하는 일을 잘하는 일로 바꾸고,
자랑스러운 일로 만들어보세요.

예문

투자는 절대로 서둘러서는 안 된다.
투자를 하기 전에 반드시 너희가 무엇을 하고 있는지 정확히 알아야만 해.
출처:《열두 살에 부자가 된 키라》, 보도 섀퍼, 을파소

**비슷한
어휘**

투하: 어떤 일에 물자, 자금, 노력 따위를 들임.
출자: 자금을 내는 일.

**한자어
알기**

투자가: 투자하는 사람.
투자가치: 증권이 지니는 내재적 가치.
투자 수익률: 투자한 자본에 대한 수익(이익)의 비율.

30일

눈썰미

한두 번 보고 곧 그대로 해내는 재주

눈썰미가 좋은 친구를 본 적이 있다면 그 친구가 새로운 것을 쉽고 빠르게 배우는 모습이
부러웠을 거예요. 눈썰미는 타고 나는 경우가 많아 노력한다고 가질 수 있는 건 아니더라고요.
내게 눈썰미가 있다면 행운이고요, 없다면 다른 훨씬 더 멋진 장점이 많을 테니
오늘은 내가 가진 필살기가 무엇인지 찾아보는 하루가 되세요!

예문

내가 눈썰미는 좋은 편이라서 엄마가 간 뒤로
실수는 별로 안 했어. 대신 일부러 아픈 티를 많이 냈지.
출처: 《바꿔》, 박상기, 비룡소

**비슷한
어휘**

총기: 좋은 기억력.
지닐총: 보거나 들은 것을 잊지 아니하고 오래 지니는 재주.
귀썰미: 한 번만 들어도 잊지 아니하는 재주.

10월

2일

까무러치다

얼마 동안 정신을 잃고 죽은 사람처럼 되다

살다 보면 크게 놀랄 일도, 크게 실망할 일도 있어요.
하지만 곰곰이 생각해보면 까무러칠 만큼 행복하고 기분 좋은 일이
훨씬 더 많다는 것을 알게 될 거예요.

예문
정우는 그 소문을 듣고 기가 막혀 까무러칠 뻔했다.
동생이 갑자기 문을 여는 바람에 까무러치게 놀랐다.

비슷한 어휘
실신하다: 병이나 충격 따위로 정신을 잃다.
졸도하다: 갑자기 정신을 잃고 쓰러지다.

방언 알기
장구지다, 까물씨다: '까무러치다'의 경북 지역 방언.
촉보리다: '까무러치다'의 제주 지역 방언.

31일

멈칫하다

하던 일이나 동작을 갑자기 멈추다. 또는 멈추게 하다

"발표해볼 사람?" 선생님께서 교실을 휙 돌아보시면
손을 들까 말까 멈칫하는 사이 용감한 친구들이 어느새 손을 들고 발표를 해요.
다음엔 우리도 용기를 내어볼까요?

예문

"도대체 학교에 왜 늦은 거니?"
선생님은 잔뜩 화를 내며 따져 물었다.
톰은 변명을 하려다가 멈칫했다.

출처: 《톰 소여의 모험》, 마크 트웨인, 미래엔아이세움

비슷한 어휘

주춤하다: 망설이거나 가볍게 놀라서 갑자기 멈칫하거나 몸이 움츠러들다. 또는 몸을 움츠리다.

멈칫멈칫하다: 하던 일이나 동작을 여럿이 다 갑자기 멈추거나 자꾸 멈추다. 또는 갑자기 멈추게 하거나 자꾸 멈추게 하다.

1일

무르익다

시기나 일이 충분히 성숙되다

운동회 날, 분위기가 최고로 무르익는 순간은
역시 달리기 계주 경기가 아닐까요? 손에 땀을 쥐게 만드는 아슬아슬한 경주를 보면서
큰 소리로 우리 팀을 응원하다보면
한껏 무르익은 운동장의 분위기에 절로 신이 나지요.

예문

그때부터 마틸다는 방과 후 매일 오후마다 붉은 벽돌집의
단골손님이 되었고, 아주 긴밀한 친분 관계가 되니
선생님과 꼬마 소녀 마틸다 사이가 무르익기 시작했다.

출처: 《마틸다》, 로알드 달, 시공주니어

비슷한 어휘

농익다: (비유적으로) 일이나 분위기 따위가 성숙하다.

4월

10월

1일

괴어오르다

술, 간장, 초 따위가 발효하여 거품이 부걱부걱 솟아오르다

초등학교에 처음 입학했을 때는 이런저런 일들로
나도 모르게 눈물이 괴어오를 때도 있었을 거예요.
엉엉 소리 내어 울거나, 뜻대로 되지 않아 화를 내기도 했을 거고요.
그때에 비하면 지금은 얼마나 씩씩해졌는지 모르겠네요!

예문

정든 친구와 헤어지려니 눈물이 괴어올라
눈앞이 뿌옇게 흐렸다.
얼마 전에 담근 술이 독에 가득 괴어올랐다.

**비슷한
어휘**

솟구치다: 아래에서 위로, 또는 안에서 밖으로 세차게 솟아오르다.
벌컥거리다: 빚어놓은 술이 부걱부걱 괴어오르는 소리가 자꾸 나다.

9월

30일

트집

**공연히 조그만 흠을 들추어내어 불평을 하거나 말썽을 부림
또는 그 불평이나 말썽**

내가 열심히 한 결과물에 대해
누군가가 괜한 트집을 잡으면 마음이 싸늘하게 식어요.
부족한 점을 트집 잡기보다는 먼저 잘한 점을 칭찬해주기로 해요.

예문

밥을 차려줬는데도 괜한 트집이다.
형이 트집을 잡는 바람에 될 일도 안 됐다.

**비슷한
어휘**

구실: 핑계를 삼을 만한 재료.
꼬투리: 남을 해코지하거나 헐뜯을 만한 거리.

**관용구
알기**

트집(을) 잡다: 조그만 흠집을 들추어내거나 없는 흠집을 만들다.
트집(을) 걸다: 공연히 조그만 흠집을 들추어내거나 없는 흠집을 만들어서 말을 하
거나 문제를 일으키다.

2일

천문학자

천문을 연구하는 학자

별을 관찰하는 천문학자들처럼 나도 별을 관찰해보고 싶다는 생각이 들 때가 있어요.
내가 비록 천문을 연구하는 학자는 아니지만,
밤하늘을 수놓은 반짝이는 별은 오늘 밤에도 당장 볼 수 있잖아요.
오늘 밤에는 하늘의 별을 보며 소원을 빌어보는 건 어떨까요?

예문

나는 어린 왕자의 별을 소행성 B612호라고 생각해요.
소행성 B612호는 1909년에 터기의 어느 천문학자가 딱 한 번
망원경으로 본 작은 별이에요.

출처: 《어린 왕자》, 생텍쥐페리

비슷한 어휘

천문가: 천문학을 연구하거나 천문학에 정통한 사람.
성학가: 천문을 연구하는 학자.

뜻풀이 속 어휘

천문: 우주의 구조, 천체의 생성과 진화, 천체의 역학적 운동, 거리·광도·표면 온도·질량·나이 등 천체의 기본 물리량 따위를 전문적으로 연구하는 학문.
천체: 우주에 존재하는 모든 물체.

29일

스러지다

형체나 현상 따위가 차차 희미해지면서 없어지다

한가위라고도 부르는 추석이 되면 일 년 중 가장 크고 동그란 달이 떠오르지요.
평소에는 멀기도 하고 작기도 했던 달인데,
오늘만큼은 별빛에 스러지지 않고 호빵처럼 동그랗고 커다랗게 하늘을 밝히네요.

예문

밤은 깊어갔다. 유리창에 가득 차 있던 달빛은 시간이 지나면서
조금씩, 조금씩 스러져갔다. 달빛과 별빛이 스러지고 어둠이
짙어진다는 것은 머지않아 새벽이 온다는 증거다.

출처: 《구미호 식당(청소년판)》, 박현숙, 특별한서재

**비슷한
어휘**

이울다: 해나 달의 빛이 약해지거나 스러지다.
퇴색되다: 빛이나 색이 바래지다.

**헷갈리는
표현**

'생글거리다/쌩글거리다'는 '눈과 입을 살며시 움직이며 소리 없이 정답게 자꾸 웃
다'라는 같은 뜻의 어휘로 약한 느낌과 센 느낌의 차이만 있습니다. 하지만 '쓰러지
다'는 '힘이 빠지거나 외부의 힘에 의하여 서 있던 상태에서 바닥에 눕는 상태가 되
다'라는 뜻으로 '스러지다'와는 전혀 다른 뜻으로 사용됩니다.

4월

3일

발휘하다

재능, 능력 따위를 떨치어 나타내다

그럴 때가 있어요. 정말 잘하고 싶은데, 그래서 노력하고 용기도 냈는데,
정작 실력을 절반도 발휘하지 못하고 허무하게 끝나버린 순간.
그렇다고 주눅 들지 마세요,
준비된 사람에게는 또다시 멋진 기회가 찾아온답니다.

예문

그는 순간적으로 기지를 발휘해 사고를 피할 수 있었다.
실력을 유감없이 발휘하다.

비슷한 어휘

떨치다: 위세나 명성 따위가 널리 알려지다. 또는 널리 드날리다.
드러내다: 가려 있거나 보이지 않던 것을 보이게 하다.

어휘 활용

'진가(참된 값어치)를 발휘하다, 기지(재치 있게 대응하는 지혜)를 발휘하다, 능력을 발휘하다, 실력을 발휘하다, 인내심을 발휘하다' 등 '발휘하다'는 다양한 상황에서 활용되는 어휘입니다.

28일

눈독

욕심을 내어 눈여겨보는 기운

문구점에 갈 때마다 눈독을 들이던 학용품이 있다면
이번 추석에 할아버지께 받은 용돈으로 하나 장만해보는 건 어떨까요?
물론, 그 돈을 모두 다 쓰면 안 되고
통장에 차곡차곡 모으는 것도 중요하겠지만 말이에요.

예문

"암탉은 구덩이를 빠져 나왔어! 거기에서 살아 나온 암탉이 또 있어?
족제비까지 눈독 들이고 있었는데 용감하게 벗어났다고!"

출처: 《마당을 나온 암탉》, 황선미, 사계절

비슷한 어휘

넘보다: 어떤 것을 욕심내어 마음에 두다.
탐내다: 가지거나 차지하고 싶어 하다.

관용구 알기

눈독 들이다: (사람이 사물에) 차지하고자 욕심을 내어 눈여겨보다.
고양이가 기름 종지 노리듯: 무엇에 눈독을 들여 탐을 내는 모양을 비유적으로 이르는 말.

4일

야단법석

많은 사람이 모여들어 떠들썩하고 부산스럽게 굶

조용한 쉬는 시간이 갑자기 떠들썩해지는 경우가 있어요.
교실에 벌이 들어왔거나, 친구들끼리 우당탕 장난을 칠 때 말이죠.
그런 소소한 야단법석을 겪고 나면 조용하던 교실이 시끌벅적 재미있어진답니다.

예문

시골에서는 큰비가 내리면 야단법석이에요.
밖에 내놓았던 물건들 때문이지요.
출처: 《키다리아저씨》, 진 웹스터, 삼성출판사

비슷한 어휘

소란: 시끄럽고 어수선함.
난리: 작은 소동을 비유적으로 이르는 말.

뜻풀이 속 어휘

야단: 매우 떠들썩하게 일을 벌이거나 부산하게 법석거림.
법석: 소란스럽게 떠드는 모양.

9월

27일

작동하다

기계 따위가 작용을 받아 움직이다
또는 기계 따위를 움직이게 하다

스마트폰이 제대로 작동하기 위해서는
여러 가지 요소가 모두 다 잘 갖춰져야겠죠?
그렇듯 우리의 몸이 제대로 작동하기 위해서는
잘 먹고, 잘 자고, 잘 싸는 것 모두가 중요하답니다.

예문

한바탕 통화했는데도 엄마가 한없이 답답하게 느껴졌어.
그런 와중에도 궁금하긴 하더라고.
정말로 내일 아침에 '바꿔!' 앱이 작동할까?

출처: 《바꿔》, 박상기, 비룡소

비슷한 어휘

돌아가다: 기능이 제대로 작동하다.
움직이다: 기계나 공장 따위가 가동되거나 운영되다. 또는 가동하거나 운영하다.

북한어 알기

동작하다: 우리가 흔히 '동작하다'라고 표현할 때는 '몸이나 손발 따위를 움직이다'
라는 의미로 사용하지만, 북한에서는 '동작하다'가 '작동하다'와 같은 의미로 사용
됩니다.

4월

5일

태평

마음에 아무 근심 걱정이 없음

엄마는 시험을 앞둔 나를 보면서 '시험이 내일인데 너는 어쩜 그렇게 태평하냐'라며
답답해하지만 나도 다 생각이 있다고요. 사실 우리 친구들의 마음은
시험에 대한 각오와 긴장으로 쉼 없이 콩닥거리고 있다는 걸 잘 알고 있어요.
행운을 빌어요!

예문

"오다가 길에서 구두가 다 떨어져서 너털거리기에 새끼를 얻어서
고쳐 신었더니 또 너털거리고 해서, 여섯 번이나 제 손으로 고쳐 신고 오느라
늦었습니다." 그러고도 창남이는 태평이었다.

출처: 《만년셔츠》, 방정환

**비슷한
어휘**

태연: 마땅히 머뭇거리거나 두려워할 상황에서 태도나 기색이 아무렇지도 않은 듯
이 예사로움.
평안: 걱정이나 탈이 없음. 또는 무사히 잘 있음.

**어휘
활용**

만사태평: 모든 일이 잘되어서 탈이 없고 평안함. 성질이 너그럽거나 어리석어 모
든 일에 걱정이 없음.
무사태평: 아무런 탈 없이 편안함. 어떤 일이든지 안일하게 생각하여 근심 걱정이
없음.

9월

26일

온데간데없다

감쪽같이 자취를 감추어 찾을 수가 없다

챙긴다고 열심히 잘 챙겨둔 필통이 온데간데없이 사라져버릴 때가 있어요.
학교에 두고 왔을까요? 학원에 두고 왔을까요?
도대체 어디로 사라져버린 걸까요?

예문

앤이 눈을 빛내며 문 쪽으로 신나게 달려갔다. 하지만 문 바로 앞에서
갑자기 우뚝 멈춰 서더니 몸을 돌려 탁자로 돌아와 앉았다.
누가 찬물이라도 끼얹은 듯, 밝게 빛나던 모습은 온데간데없었다.

출처: 《빨간 머리 앤》, 루시 모드 몽고메리

**비슷한
어휘**

간곳없다: 갑자기 자취를 감추어 온데간데없다.
묘연하다: 그윽하고 멀어서 눈에 아물아물하다.

**비슷한
관용구**

그림자조차 찾을 수 없다: 온데간데없어 도무지 찾을 수 없다.

4월

6일

지지

어떤 사람이나 단체 따위의 주의·정책·의견 따위에 찬동하여 이를 위하여 힘을 씀. 또는 그 원조

해마다 다양한 종류의 선거가 개최됩니다.
대통령 선거, 국회의원 선거, 지방자치 선거 등등 말이죠.
저마다 지지하는 후보가 다르고 지지하는 이유도 다르지만,
선거를 통해 훌륭한 지도자가 배출되길 바라는 마음은 같을 거예요.

예문

스와트 지역의 한 공립 여자 대학은 말랄라를 지지한다는 뜻을
보여주기 위해, 학교 이름을 아예 '말랄라 공립 여자 대학'으로 바꾸었다.
출처: 《나는 그냥 말랄라입니다》, 레베카 로웰, 푸른숲주니어

비슷한 어휘

뒷받침: 뒤에서 지지하고 도와주는 일. 또는 그런 사람이나 물건.
응원: 곁에서 성원함. 또는 호응하여 도와줌.

한자어 알기

지지율: 선거 따위에서, 유권자들이 특정 후보를 지지하는 비율.
지지자: 어떤 사람이나 단체 따위의 주의·정책·의견 따위에 찬동하여 이를 위하여 힘을 쓰는 사람.

25일

뜬금없다

갑작스럽고도 엉뚱하다

뜬금없이 노래를 부르거나 춤을 추는 친구가 있나요?
그런 엉뚱한 친구의 모습을 보면 절로 웃음이 나고 너무 사랑스럽답니다.
우리 친구들은 어떤 뜬금없는 행동으로 주변을 웃게 만들어보았나요?

예문

백희가 책상에 엎드려서 울기까지 하자 더 이상 말이 나오지 않았다.
잠시나마 새 짝과 잘 지내야겠다고 생각했던 마음이 말끔히 사라져버렸다.
못된 계집애들. 뜬금없이 망치가 보고 싶었다.

출처: 《잘못 뽑은 반장》, 이은재, 주니어김영사

비슷한 어휘

난데없다: 갑자기 불쑥 나타나 어디서 왔는지 알 수 없다.
갑작스럽다: 미처 생각할 겨를이 없이 급하게 일어난 데가 있다.

어휘 속 어휘

뜬금: 일정하지 않고 시세에 따라 달라지는 값.

7일

양해

남의 사정을 잘 헤아려 너그러이 받아들임

우리 친구들이 열심히 살아가다 보면 어쩔 수 없이 친구에게, 선생님께,
부모님께 양해를 구해야만 하는 상황이 생길 거예요.
그럴 때면 머쓱하고 쑥스러운 마음이 들겠지만 괜찮아요.
누군가가 나에게 양해를 구할 때 너그럽고 흔쾌히 받아주는 사람이 될 수 있다면 말이죠!

예문

사흘 안에 출근해야 하는 상황이라 갑작스럽게 일을 그만둘 수밖에 없다며,
사람 좋은 얼굴에 미안함을 담아 양해를 구했다.

출처:《불편한 편의점》, 김호연, 나무옆의자

**비슷한
어휘**

이해: 사리를 분별하여 해석함. 남의 사정을 잘 헤아려 너그러이 받아들임.
용납: 너그러운 마음으로 남의 말이나 행동을 받아들임.

**어휘
활용**

양해를 구하다, 양해를 바라다: 사정을 헤아려 너그러이 받아들여 주길 희망하다.

24일

흡족하다

조금도 모자람이 없을 정도로 넉넉하여 만족하다

흡족한 마음이 들 만큼 열심히 공부해본 적 있나요?
사람마다 기준이 다르겠지만,
나 스스로 흡족한 마음이 들 때까지 조금 더 노력해볼까요?

예문

채원이는 흡족한 얼굴로 자리에 앉아 있었다.
친구들이 모두 박수를 쳐주었지만 현구는 그럴 여유가 없었다.
출처:《순한 맛, 매운 맛 매생이 클럽 아이들》, 이은경, 한국경제신문사

비슷한 어휘

흐뭇하다: 마음에 흡족하여 매우 만족스럽다.
만족하다: 흡족하게 여기다.

반대말 어휘

불만족하다: 마음에 흡족하지 아니하다.

4월

8일

유효하다

보람이나 효과가 있다

우리는 누구나 매일 24시간이라는 똑같은 시간을 가지고 있어요.
그 시간을 알차고 유효하고 보람되게 보내는 날이 많지만 때로는
하루가 어떻게 지나갔는지도 모르게 훌쩍 끝나버린 날도 있을 거예요.
나의 오늘 하루는 어땠나요? 되돌아보는 시간을 가지길 바라요.

예문

한편 식물들이 이 숲에서만 자라기 때문에 마을을 떠날 수 없다는 것을
지적하는 사람들도 많았다. '기적'이 '축복받은 숲'에서만 유효하다는 것은
나오미가 보기에는 너무 기이했지만, 어떤 사람들은 그것을 당연하게
받아들였다.

출처: 《지구 끝의 온실》, 김초엽, 자이언트북스

비슷한 어휘

유용하다: 쓸모가 있다.

반대말 어휘

무효하다: 보람이나 효과가 없다.

23일

회의

의심을 품음. 또는 마음속에 품고 있는 의심

다른 사람의 말을 무조건 믿어버리는 것도 위험하지만,
누군가의 말을 들을 때마다 회의적인 반응을 보이는 것도 바람직한 태도는 아니에요.
회의를 품을 만한 이유가 있다면 보다 정확하게 알아보고 판단하기를 추천해요.

예문

하지만 아이는 인내심을 잃어가고 있었다. 조금 전의 열광은 시들해지고
회의가 다시 고개를 들었는지 표정이 뾰로통했다.

출처: 《나무》, 베르나르 베르베르, 이세욱 역, 열린책들

**비슷한
어휘**

의심: 확실히 알 수 없어서 믿지 못하는 마음.
의혹: 의심하여 수상히 여김. 또는 그런 마음.

**반대말
어휘**

확신: 굳게 믿음. 또는 그런 마음.

9일

시늉

어떤 모양이나 움직임을 흉내 내어 꾸미는 짓

선생님은 어렸을 때 양치질하기가 너무 귀찮아서
자는 척하고 버티다가 진짜 잠들어버린 적이 있어요.
자는 시늉하면 엄마가 속아 넘어갔을 거라 생각했는데,
지금 생각하니 엄마는 모두 알고 계셨던 것 같아요.

예문

선생님이 먼저 어떻게 공을 차야 하는지 시늉을 해 보였다.
아이는 무척 서럽다는 투로 꺼이꺼이 우는 시늉을 하였다.

비슷한 어휘

체, 척: 그럴듯하게 꾸미는 거짓 태도나 모양.
흉내: 남이 하는 말이나 행동을 그대로 옮기는 짓.

22일

허기지다

몹시 굶어 기운이 빠지다

아침을 먹지 않고 등교한 날은 오전 내내 허기져서 기운이 없을 거예요.
그런 날은 에너지가 모자라기 때문에 수업에 집중하기 어려운 게 당연해요.
우리 친구들, 공부를 잘하고 싶다면 반드시 아침밥을 먹고 등교하세요.

예문

학교 갔다 오니 허기져 쓰러질 것 같다.
그들은 수영장에 들어가기 전 먼저 허기진 배를 채웠다.

비슷한 어휘

굶주리다: 먹을 것이 없어서 배를 곯다.
배곯다: 먹는 것이 적어서 배가 차지 아니하다. 또는 배가 고파 고통을 받다.

반대말 어휘

배부르다: 더 먹을 수 없이 양이 차다.
든든하다: 먹은 것이나 입은 것이 충분해서 허전한 느낌이 없다.

4월

10일

상쾌하다

느낌이 시원하고 산뜻하다

아침에 아주 조금만 일찍 일어나 동네 한 바퀴를 돌아보세요.
생각만 해도 귀찮다고요? 맞아요, 그럴 거예요.
그런데 그 귀찮음을 이기고 몸을 움직이고 나면
전혀 예상하지 못했던 상쾌함이 선물처럼 찾아온답니다.

예문

보통 때보다 이른 시간이라 그런지 학교 가는 길에 친구들이 별로 없어요.
오늘따라 햇볕도 따스하고 바람도 상쾌해요.
나는 교실까지 한달음에 뛰어갔어요.
출처: 《콩닥콩닥 짝 바꾸는 날》, 강정연, 시공주니어

비슷한 어휘

시원하다: 답답한 마음이 풀리어 흐뭇하고 가뿐하다.
명쾌하다: 명랑하고 쾌활하다.

반대말 어휘

불쾌하다: 못마땅하여 기분이 좋지 아니하다.
답답하다: 숨이 막힐 듯이 갑갑하다.

9월

21일

공연하다

아무 까닭이나 실속이 없다

수업 시간에 공연히 말장난을 쳐서 모두를 웃게 만드는 친구들이 있어요.
우리 교실의 분위기를 밝고 즐겁게 만들어주는 고마운 친구들이죠.

예문

"공연히 쓸데없는 생각 마라. 사람이란 지 분복대로 살아야지
안 그러믄 멩대로 못 산다. 못 살고말고. 될 법이나 한 일이건데?
어서 잠이나 자거라."

출처: 《토지》, 박경리, 마로니에북스

비슷한 어휘

쓸데없다: 아무런 쓸모나 득이 될 것이 없다.
괜하다: 아무 까닭이나 실속이 없다.

같은 말 다른 뜻

음악, 무용, 연극 따위를 많은 사람 앞에서 보이는 것을 우리는 흔히 '공연하다'라고
말합니다. 하지만 같은 소리를 내지만 전혀 다른 뜻을 가진 어휘들이 굉장히 많아
요. 오늘 살펴본 '공연하다'는 '실속 없는 말'을 이를 때 사용합니다.

11일

빈정거리다

남을 은근히 비웃는 태도로 자꾸 놀리다

상대방을 향한 빈정거림은 습관이 되기도 해요.
그러다 보면 어떤 말을 들어도 놀리고 비웃게 돼요.
빈정거림은 부메랑처럼 내게 돌아옵니다.
혹시나 내게도 이런 안 좋은 습관이 있지 않은지 곰곰이 점검해보는 하루가 되세요.

예문
그의 빈정거리는 말투에 기분이 상했다.
빈정거리지만 말고 그의 말을 귀 기울여 잘 들어보아라.

비슷한 어휘
비꼬다: 남의 마음에 거슬릴 정도로 빈정거리다.
비아냥거리다: 얄밉게 빈정거리며 자꾸 놀리다.

9월

교과서
수록 도서!

20일

철저하다

속속들이 꿰뚫어 미치어 밑바닥까지 빈틈이나 부족함이 없다

아빠 생신을 위해 깜짝 파티를 준비했지만 철저히 숨기지 못해 들키기도 해요.
더욱 철저하게 잘 숨겨가며 준비했어야 하는데 말이에요.
다음 엄마 생신 준비는 더욱 철저하게 비밀에 부치도록 하세요.

예문

많은 동포가 나를 환영하기 위해 여러 날 동안 기다렸지만,
막상 우리가 도착한 날 마중 나온 동포는 얼마 되지 않았다.
미군을 통하다 보니 연락이 철저하지 못했던 것이다.

출처: 《쉽게 읽는 백범일지》, 김구, 돌베개

비슷한 어휘

빈틈없다: 허술하거나 부족한 점이 없다.
철두철미하다: 처음부터 끝까지 철저하다.

반대말 어휘

소홀하다: 대수롭지 아니하고 예사롭다. 또는 탐탁지 아니하고 데면데면하다.
등한하다: 무엇에 관심이 없거나 소홀하다.

12일

포효하다

사나운 짐승이 울부짖다

동물원에서 동물을 구경해본 적 있죠? 귀여운 작은 동물부터 사나운 큰 짐승까지
차례로 구경하다 보면 시간 가는 줄 모를 만큼 신기하고 즐거워요.
때때로 포효하는 사자의 모습을 볼 수 있는데요,
초원의 왕답게 능름한 그 모습이 정말 멋지답니다.

예문 계곡의 상류 어디선가 맹수가 포효하고 있었다.

**비슷한
어휘**

으르렁거리다: 크고 사나운 짐승 따위가 자꾸 성내어 크고 세차게 울부짖다.
울부짖다: 감정이 격하여 마구 울면서 큰 소리를 내다.

**반대말
어휘**

잠잠하다: 말없이 가만히 있다.
조자누룩해지다: 시끄럽다가 잠잠해진다는 뜻의 순우리말.

9월

19일

만끽하다

욕망을 마음껏 충족하다

좋은 일이 있을 때, 만족스러운 일이 있을 때, 기다렸던 일이 이루어졌을 때
우리는 마음껏 그 기쁨을 표현하지 않고 숨기기도 하는데요,
그러지 말고 행복감을 만끽했으면 좋겠어요.
우리 그런 소중한 순간을 놓치지 말아요.

예문

아이들은 강을 가로질렀다. 강이 그리 깊지 않아서 강물은 아주 천천히 흘렀다.
톰은 강 건너 마을을 보며 해적이 된 기분을 만끽했다.

출처: 《톰 소여의 모험》, 마크 트웨인, 미래엔아이세움

**비슷한
어휘**

누리다: 생활 속에서 마음껏 즐기거나 맛보다.
즐기다: 즐겁게 누리거나 맛보다.

**뜻풀이 속
어휘**

욕망: 부족을 느껴 무엇을 가지거나 누리고자 탐함. 또는 그런 마음.
충족: 일정한 분량을 채워 모자람이 없게 함.

13일

애꿎다

그 일과는 아무런 상관이 없다

숙제가 너무 하기 싫은 날에는 애꿎은 연필만 부러뜨리고 싶어져요.
공책을 찢거나 지우개를 던지고 싶기도 하고요.
연필도, 공책도, 지우개도 아무 잘못이 없는 걸 알지만
그렇게라도 하면 속이 좀 시원해지죠?

예문
나는 애꿎은 신발로 땅을 문질러보았다.
파인 땅바닥으로 마음이 툭 떨어지는 것 같았다.
출처: 《복제인간 윤봉구》, 임은하, 비룡소

비슷한 어휘
상관없다: 서로 아무런 관련이 없다.
무관하다: 관계나 상관이 없다.

속담 알기
애꿎은 두꺼비 돌에 맞다: 남의 분쟁이나 싸움에 관계없는 사람이 뜻밖의 피해를 봄을 비유적으로 이르는 말.

18일

실토하다

거짓 없이 사실대로 다 말하다

내가 잘못한 사실을 실토하는 것은 결코 쉬운 일이 아니에요.
큰 용기가 필요해요. 그냥 숨겨버리고 싶은 유혹도 이겨내야 하고요.
그래도 잘못을 했을 때는 주저 없이 실토하고
이해와 용서를 구하는 친구들이 되세요.

예문

로리는 브룩 씨는 이 일에 대해 아무것도 모르며,
모든 것은 자기가 꾸민 일이라고 실토하고 진심으로 용서를 빌었다.
출처: 《작은 아씨들》, 루이자 메이 올컷, 삼성출판사

비슷한 어휘

이실직고하다: 사실 그대로 고하다.
털어놓다: 마음속에 품고 있는 사실을 숨김없이 말하다.

반대말 어휘

숨기다: 어떤 사실이나 행동을 남이 모르게 감추다.
덮다: 어떤 사실이나 내용 따위를 따져 드러내지 않고 그대로 두거나 숨기다.

14일

위안

위로하여 마음을 편하게 함. 또는 그렇게 해주는 대상

마음이 힘들고 몸이 지치는 날, 우리 친구들은 어디에서 누구에게 위안을 얻나요?
위안을 주는 대상은 가족일 수도, 친구일 수도, 책일 수도, 영상일 수도 있겠죠.
이렇게 힘들 때 위안받을 수 있는 무언가, 누군가가 있다는 사실은
정말 감사하고 따뜻한 일인 것 같아요.

예문

이렇게 숨어 지내는 생활 속에서 책만큼 위안이 되는 것이 없어.
독서와 공부 그리고 라디오가 우리에게 허용된 유일한 오락이야.

출처: 《안네의 일기》, 안네 프랑크

비슷한 어휘

위로: 따뜻한 말이나 행동으로 괴로움을 덜어주거나 슬픔을 달래줌.
안위: 몸을 편안하게 하고 마음을 위로함.

관련 어휘 알기

위안거리: 위로하여 마음을 편안하게 해줄 만한 것.
위안처: 마음을 편히 가질 수 있도록 위로를 받을 만한 곳.

17일

적막하다

고요하고 쓸쓸하다

학교에 갔다가 집에 돌아왔는데 집 안이 너무 적막해서 놀란 적 있을 거예요.
아빠는? 엄마는? 동생은? 어렸을 땐 이런 적막함이 무섭게 느껴졌겠지만,
이제는 적막함을 즐길 나이가 된 것 같아요. 즐기세요!

예문

이곳은 폐허처럼 황량하고 적막하다.
나는 부모님이 외출해서 집 안이 적막할 때면 늘 책을 읽었다.

비슷한 어휘

고요하다: 조용하고 잠잠하다.
적요하다: 적적하고 고요하다.

반대말 어휘

소란하다: 시끄럽고 어수선하다.

15일

재촉하다

어떤 일을 빨리하도록 조르다

아빠께서 사주시기로 약속하셨던 선물이 늦어지면 나도 모르게 아빠를 재촉하게 돼요.
"아빠, 언제 사주실 거예요?" 하면서 말이죠.
그런 나의 재촉 덕분에 아빠께서 드디어 말씀하실 거예요.
"그래, 오늘 사러 가자!" "야호!"

예문

"빨리! 더 빨리!"
다음 선수인 이호는 손을 뒤로 뻗어
기찬이를 재촉했어요.

출처: 《꼴찌라도 괜찮아》, 유계영, 휴이넘

비슷한 어휘

서두르다: 일을 빨리 해치우려고 급하게 바삐 움직이다.
다그치다: 일이나 행동 따위를 빨리 끝내려고 몰아치다.

16일

선심

선량한 마음. 남에게 베푸는 후한 마음

선생님께서 느닷없이 선심 쓰듯
"오늘 점심시간에는 자율 배식이다!"라고 말씀하신다면 어떨까요?
친구들은 모두 축제라도 열린 것처럼 신이 나 점심시간만을 손꼽아 기다리겠죠?

예문

남의 선심을 고맙게 생각해야 한다.
윤지는 부탁하면 도와줄 수 있다고 선심 쓰듯 말했다.

**비슷한
어휘**

선의: 착한 마음.
인심: 남의 딱한 처지를 헤아려 알아주고 도와주는 마음.

**반대말
어휘**

악심: 나쁜 마음.
악의: 나쁜 마음. 좋지 않은 뜻.

4월

16일

부지기수

헤아릴 수가 없을 만큼 많음. 또는 그렇게 많은 수효

요즘은 친구들끼리 모인 카톡방에서 욕을 하거나
서로 비난하는 안 좋은 사례가 부지기수라고 해요.
설마, 우리 친구들도 그런 건 아니죠? 많은 사람이 하고 있다고 해서
나도 해도 되는 건 아니라는 점, 꼭 기억하세요.

예문
포도나무에 포도가 부지기수로 열려 있다.
집회에 모인 사람이 부지기수로 많다.

비슷한 어휘
기수부지: 헤아릴 수가 없을 만큼 많음. 또는 그렇게 많은 수효.
무수: 헤아릴 수 없음.

반대말 어휘
소수: 적은 수효.

9월

교과서
수록 도서!

15일

궁리하다

사물의 이치를 깊이 연구하다

여러 궁리 끝에 마침내 마음에 쏙 드는 생각에 다다랐을 때의 기쁨은
말로 표현하기 힘든 묘한 쾌감을 동반해요.
이런 기쁨은 열심히 궁리해보지 않았다면 결코 느끼기 어려운 것이지요.

예문

온 마을의 상점에서 프린들 볼펜이 동이 날 정도로 날개 돋친 듯 팔려 나갔다.
그러고 나서 얼마 뒤 프린들 볼펜을 사러 오는 아이들의 발길이 뚝 끊겼다.
판매량이 줄어들자 버드 로렌스는 다른 사업을 궁리했다.

출처: 《프린들 주세요》, 앤드루 클레먼츠, 사계절

**비슷한
어휘**

모색하다: 일이나 사건 따위를 해결할 수 있는 방법이나 실마리를 더듬어 찾다.
고안하다: 연구하여 새로운 안을 생각해내다.

**속담
알기**

제 살 궁리는 다 한다: 어려운 경우를 당하여도 누구나 자기가 살아갈 궁리는 다 하
고 있음을 이르는 말.

4월

17일

투박하다

생김새가 볼품없이 둔하고 튼튼하기만 하다

세련되고 매끈한 그릇이 더 예쁜데도,
신기하게 소박하고 투박한 그릇에 더 눈길이 갈 때가 있어요.
우리 친구들도 투박함이 가진 오묘한 매력에 빠져본 적 있나요?

예문

할머니가 짠 양말은 투박했지만 따뜻했다.
이 신라 토기는 투박하기는 하지만 현대적
감각이 살아 있다.

**비슷한
어휘**

육중하다: 투박하고 무겁다.

**반대말
어휘**

세련되다: 서투르거나 어색한 데가 없이 능숙하게 잘 다듬어져 있다.

14일

착잡하다

갈피를 잡을 수 없이 뒤섞여 어수선하다

부모님의 표정이 유난히 착잡해 보이는 날이 있을 거예요.
부모님은 우리가 생각하는 것보다 훨씬 더 복잡하고 힘들고 바쁜 하루를 보내고 계시거든요.
그런 모습, 그런 표정을 발견했다면 망설이지 말고 다가가
예쁜 두 손으로 어깨를 주물러드리는 건 어떨까요?

예문

그중 하나를 골라 몸에 대고 거울에 비춰 보는
게이코의 표정이 왠지 착잡해 보인다.

출처: 《우동 한 그릇》(개정8판), 구리 료헤이, 청조사

**비슷한
어휘**

뒤숭숭하다: 느낌이나 마음이 어수선하고 불안하다.
어수선하다: 마음이나 분위기가 안정되지 못하여 불안하고 산란하다.

**헷갈리는
표현**

착찹하다: '착잡하다'의 비표준어.

18일

가파르다

산이나 길이 몹시 기울어져 있다

산을 오르다 보면 유난히 가파른 구간이 있어요.
땀이 비 오듯 흐르고 숨이 턱까지 차오르고 그냥 여기서 다 포기해버리고 싶어지죠.
그런데 신기하게도 그 구간만 잘 버티고 나면
또 만만한 느낌이 들고 결국 정상에 오르게 된답니다.

예문

산비탈이 가팔라서 보통 사람은 오르기 어렵다.
올해는 집값 하락세가 가파르다.

비슷한 어휘

비탈지다: 땅이 경사가 급하게 기울어져 있다.
급하다: 기울기나 경사가 가파르다.

반대말 어휘

완만하다: 경사가 급하지 않다.

13일

아른거리다

무엇이 희미하게 보이다 말다 하다

혹시 좋아하는 이성 친구가 있나요?
이성을 향한 호기심과 관심은 지극히 자연스러운 것이어서
숨기거나 부끄러워하지 않아도 돼요.
그 이성 친구의 모습이 자꾸 눈앞에 아른거린다면 용기 내어 고백해보는 건 어떨까요?

예문

사라져간 그녀 모습의 잔영이
흰 손수건처럼 오래오래 내 눈앞에 아른거렸다.
출처: 《봉순이 언니》, 공지영, 해냄

**비슷한
어휘**

아른아른하다: 무엇이 자꾸 희미하게 보이다 말다 하다.
어른거리다: 무엇이 보이다 말다 하다.

**관용구
알기**

눈에 아른거리다: 어떤 사람이나 일 따위에 관한 기억이 떠오르다.
귓가에 아른거리다: 귓전에서 사라지지 아니하고 들리는 듯하다.

19일

꼴뚜기

꼴뚜깃과의 귀꼴뚜기, 좀꼴뚜기, 잘록귀꼴뚜기, 투구귀꼴뚜기를 통틀어 이르는 말

어물전 망신은 꼴뚜기가 시킨다는 속담, 들어봤나요?
한 사람의 행동이 전체에게 나쁜 영향을 미치는 상황을 뜻하는 속담이에요.
이 속담을 들으니 내가 했던 부끄러운 행동이 떠오르기도 할 거예요.
괜찮아요, 누구나 실수하니까요.

예문

꼴뚜기나 전어 새끼 같은 것은
우리 동네에서는 고기라고 쳐주지도 않았다.

속담 알기

어물전 망신은 꼴뚜기가 시킨다: 지지리 못난 사람일수록 같이 있는 동료를 망신시킨다는 말.
망둥이가 뛰니까 꼴뚜기도 뛴다: 남이 한다고 하니까 무작정 따라나섬을 비유적으로 이르는 말.

12일

메아리치다

메아리가 울려 퍼지거나 또는 어떤 소리가 메아리처럼 울려 퍼지다

높은 산에 올라 '야호!' 하고 크게 소리 질러보세요.
정말 신기하게도 그 소리가 나에게 다시 돌아와요.
메아리치는 산에서 소리 지르다 보면 이 산이 내 친구처럼 느껴지기도 해요.
이번 주말에는 산과 친구가 되어볼까요?

예문

깊은 산속에 아름다운 폭포수 소리가 메아리쳐 울렸다.
해방이 되었다는 소식이 전해지자 온 나라에 기쁨의 노랫소리가 메아리쳤다.

비슷한 어휘

울리다: 소리가 반사되어 퍼지다. 또는 그 소리가 들리다.

어휘 속 어휘

메아리: 울려 퍼져 가던 소리가 산이나 절벽 같은 데에 부딪쳐 되울려오는 소리.

4월

교과서
수록 도서!

20일

얼버무리다

말이나 행동을 불분명하게 대충 하다

좋아하는 이성 친구가 생겼는데,
친구들이 그 사실을 눈치 채고 자꾸 물어보면 어쩔 수 없이 얼버무리게 되죠?
내 마음을 표현하는 일은 언제나 왜 이렇게 쑥스럽고 어색한 걸까요?

예문

미라는 진우를 빤히 보며 물었다.
진우는 갑자기 얼굴이 빨개지더니 얼버무렸다.
"그, 그런 건 아니야……."

출처: 《악플전쟁》, 이규희, 별숲

**비슷한
어휘**

우물우물하다: 말을 시원스럽게 하지 아니하고 입 안에서 자꾸 중얼거리다.
흐지부지하다: 확실하게 하지 못하고 흐리멍덩하게 넘어가다. 또는 그렇게 넘기다.

9월

11일

유추하다

같은 종류의 것 또는 비슷한 것에 기초하여 다른 사물을 미루어 추측하다

친구가 갑자기 내게 아무 말도 하지 않고 심통 난 표정을 짓고 있다면
왜 그런 건지 유추해보세요. 나의 어떤 말, 어떤 행동, 어떤 표정이
친구를 서운하게 했을까를 유추해보면서 친구와의 우정을 돈독하게 유지해보세요.

예문

그래도 가끔은 거울을 보면서 내 얼굴과 닮은,
어떤 나이 든 여성의 모습을 유추해보곤 했다.
언젠가 보게 될 엄마의 모습을 상상해보았던 것이다.

출처: 《작별인사》, 김영하, 복복서가

**비슷한
어휘**

추측하다: 미루어 생각하여 헤아리다.
추론하다: 어떤 판단을 근거로 삼아 다른 판단을 이끌어내다.

**헷갈리는
표현**

'추리하다'는 '알고 있는 것을 바탕으로 알지 못하는 것을 미루어서 생각함'이라는
뜻입니다. '유추하다'보다 더 큰 의미를 가지고 있네요. 즉, '유추'는 '추리'의 한 방법
이라고 할 수 있어요.

21일

가냘프다

몸이나 팔다리 따위가 몹시 가늘고 연약하다

아주 작고 가냘픈 고양이를 보면 먹이를 주고 돌보아주고 싶은 마음이 들죠?
그건 우리 마음속에 있는 아주 착한 마음 때문이에요.
그런데 그 마음을 잘 돌보지 않으면 사라지기도 한대요.
우리 친구들은 그 선한 마음을 오래오래 간직하세요.

예문

가냘프게 들리는 소리는 고양이 울음소리였다. 작지만 분명했다.
아기 고양이인지 소리가 작고 가냘팠다.

출처: 《담을 넘은 아이》, 김정민, 비룡소

비슷한 어휘

가녀리다: 물건이나 사람의 신체 부위 따위가 몹시 가늘고 연약하다.
여리다: 단단하거나 질기지 않아 부드럽거나 약하다.

헷갈리는 표현

갸냘프다, 간엷다: '가냘프다'를 표준어로 삼고 있습니다.

9월

교과서
수록 도서!

10일

소비

돈이나 물자, 시간, 노력 따위를 들이거나 써서 없앰

계획에 없었던 소비를 충동적으로 해버리는 것을 '충동구매'라고 해요.
소비를 한다는 것은 원하는 물건을 얻는 동시에
내가 가진 돈을 써서 없앤다는 의미이기 때문에
신중한 소비, 현명한 소비가 필요하답니다.

예문

소비를 하지 않는 인간은 없습니다.
이는 현재뿐만 아니라 18세기에도 마찬가지였습니다.

출처: 《사회 선생님이 들려주는 공정무역 이야기》, 전국사회교사모임, 살림출판사

**비슷한
어휘**

소진: 점점 줄어들어 다 없어짐. 또는 다 써서 없앰.
소모: 써서 없앰.

**반대말
어휘**

생산: 인간이 생활하는 데 필요한 각종 물건을 만들어냄.
축적: 지식, 경험, 자금 따위를 모아서 쌓음. 또는 모아서 쌓은 것.

22일

희귀하다

드물어서 특이하거나 매우 귀하다

지구상의 수많은 동식물 중에는 어느 특정 지역에서만 발견되는
희귀한 동식물이 있어요. 이런 것들을 '희귀종'이라고 하는데요,
이들을 보존하기 위한 노력이 부단히 계속되고 있답니다.
이런 노력 중 가장 효과적이고 실천 가능한 방법은 지구 온난화를 막는 거래요.

예문

의사 선생님은 나에게 어떤 그림을 보여주기도 하고
뭘 물어보기도 하면서 검사를 했다. 그러더니 내가 무슨 증후군이라고 했다.
"희귀한 경우군요"라는 말도 했다.

출처: 《내 친구 안토니우스》, 장미, 키다리

**비슷한
어휘**

드물다: 흔하지 아니하다.
희한하다: 매우 드물거나 신기하다.

**반대말
어휘**

흔하다: 보통보다 더 자주 있거나 일어나서 쉽게 접할 수 있다.
수두룩하다: 매우 많고 흔하다.

9일

대견하다

흐뭇하고 자랑스럽다

오늘 하루도 밥 잘 먹고 열심히 공부하고
건강하게 자란 우리 친구들, 정말 대견해요.

예문 어머니는 어려운 환경 속에서도 바르게 자란 아들이 대견하기만 했다.

**비슷한
어휘**
장하다: 마음이 흐뭇하고 자랑스럽다.
가륵하다: 착하고 장하다.

**반대말
어휘**
창피하다: 체면이 깎이는 일이나 아니꼬운 일을 당하여 부끄럽다.
남부끄럽다: 창피하여 남을 대하기가 부끄럽다.

23일

부리나케

서둘러 아주 급하게

늦잠을 자고 일어나 부리나케 학교로 뛰어갔지만
결국 지각해서 혼나본 적 있나요?
늦잠은 너무 달콤하지만 지각을 하지 않기 위해서는
조금만 더 일찍 일어나도록 해요!

예문

낑낑거리며 석탄이 든 통을 들고 지하실 계단 밑에서 올라오는 소녀를 보고
세라는 생긋 웃어주었다. 그러자 소녀는 얼굴이 빨개져서
부리나케 부엌으로 달아나버렸다.

출처: 《소공녀》, 프랜시스 호지슨 버넷

비슷한 어휘

급히: 시간의 여유가 없어 일을 서두르거나 다그쳐 매우 빠르게.

헷갈리는 표현

불이나케: '부리나케'의 잘못된 표현.

8일

평범하다

뛰어나거나 색다른 점이 없이 보통이다

하는 것마다 특별하고 멋져 보이는 눈에 띄는 친구가 있어요.
그런 친구를 보면 나는 너무 평범한 것 같은 느낌이 들어요.
그런데요, 내가 아직 잘 모르고 있는 것일 뿐,
나도 정말 특별하고 멋진 사람이랍니다.

예문

미래는 어느 날 갑자기 오는 게 아니란다.
평범한 오늘 하루하루가 모여서 미래가 되는 것이지.
출처: 《미움 받아도 괜찮아》, 황재연, 인플루엔셜

비슷한 어휘

예사롭다: 흔히 있을 만하다.
무난하다: 성격 따위가 까다롭지 않고 무던하다.

반대말 어휘

비범하다: 보통 수준보다 훨씬 뛰어나다.
특출하다: 특별히 뛰어나다.

24일

조신하다

몸가짐이 조심스럽고 얌전하다

조신하게 행동하는 친구를 보고 있으면 내 마음도 덩달아 편안해지는 것 같고,
덜렁대는 친구를 보고 있으면 나도 마음이 바빠져요.
나는 조신한 편인가요, 덜렁대는 편인가요?
그 어떤 편이라도 괜찮아요. 사랑해요.

예문

"이쁜 것도 저한테서 나온다고, 어째 밥도 그 모양으로 먹는다냐.
뱃속에서부터 바뀐 겨. 지지배가 조신해야지 원."
나는 일부러 트림을 요란하게 하고 일어났다.

출처: 《나에게 없는 딱 세 가지》, 황선미, 위즈덤하우스

비슷한 어휘

얌전하다: 성품이나 태도가 침착하고 단정하다.

반대말 어휘

덤벙대다: 들뜬 행동으로 아무 일에나 자꾸 함부로 서둘러 뛰어들다.
덜렁대다: 침착하지 못하고 자꾸 거볍게 행동하다.

9월

7일

몰두하다

어떤 일에 온 정신을 다 기울여 열중하다

정말 좋아하는 것 한 가지에 푹 빠져 몰두해본 적 있죠?
잘했어요! 내가 진짜 좋아하는 일에 깊이 몰두해보는 경험은
훗날 잘하고 싶은 일을 만났을 때 날개를 달고 훨훨 날아오르도록 도와주거든요.

예문

아빠는 가끔 쓸데없는 일에 몰두하는 경우가 있는데,
그러는 동안 우리는 더 나쁜 상황에 놓이게 되는 것 같았다.

출처:《열두 살에 부자가 된 키라》, 보도 섀퍼, 을파소

비슷한 어휘

미치다: 어떤 일에 지나칠 정도로 열중하다.
골몰하다: 다른 생각을 할 여유도 없이 한 가지 일에만 파묻히다.

뜻풀이 속 어휘

열중: 한 가지 일에 정신을 쏟음.

25일

거들다

남이 하는 일을 함께 하면서 돕다

부모님의 일을 거들어드린 적 있나요?
기특해요. 우리는 어쩌다 하는 일이지만
부모님께는 매일 반복되는 힘든 일상일 수 있기 때문이에요.
마음씨도 고운 우리 친구들, 진심으로 칭찬합니다.

예문

저는 작아도 힘이 세답니다.
제가 할 수 있는 일이라면 다 거들어드릴게요.
출처: 《리디아의 정원》, 사라 스튜어트, 시공주니어

비슷한 어휘

보조하다: 보태어 돕다.
돕다: 남이 하는 일이 잘되도록 거들거나 힘을 보태다.

방언 알기

그들다: '거들다'의 강원 지역 방언.

6일

경외하다

공경하면서 두려워하다

우리 주변의 자연을 보면서 아름답다고 생각해본 적 있나요?
자연의 아름다움은 신비함을 겸비하고 있어서인지
'아름답다'는 말로는 다 표현하기 힘들 때도 많아요.
그럴 때 터져 나오는 감탄은 단순한 감탄이 아니라 경외하는 마음인 것 같아요.

예문

다른 갈매기들이 금빛 눈 속에 경외하는 빛을 담고 조나단을 바라보았다.
그들은 조나단이 그토록 오랫동안 못 박힌 듯 서 있던 곳으로부터
한순간에 사라지는 것을 보았기 때문이었다.

출처: 《갈매기의 꿈》, 리처드 바크, 나무옆의자

비슷한 어휘

경원하다: 공경하되 가까이하지는 아니하다.
어려워하다: 사람을 두려워하거나 조심스럽게 여기다.

반대말 어휘

경시하다: 대수롭지 않게 보거나 업신여기다.

26일

앞다투다

남보다 먼저 하거나 잘하려고 경쟁적으로 애쓰다

세일 기간이 되면 사람들이 앞다투어 쇼핑을 시작해요.
조금 더 저렴한 가격에 물건을 구매할 수 있기 때문이에요.
그런데 이때 조심해야 할 한 가지!
저렴하다는 이유만으로 필요하지 않은 물건을 사는 일은 없어야겠죠?

예문

"들었지, 그 소문 진짜야? 되게 기분 나쁘고 찜찜해."
진선이가 말했다.
그러자 다른 후보들도 너도나도 앞다퉈 소문에 대해 말하기 시작했다.

출처: 《수상한 화장실》, 박현숙, 북멘토

**비슷한
어휘**

시새우다: 남보다 낫기 위하여 서로 다투다.

9월

5일

알싸하다

매운맛이나 독한 냄새 따위로 코 속이나 혀끝이 알알하다

매운 음식을 먹으면 스트레스가 풀린다는 사람도 있고,
매운 음식 때문에 오히려 스트레스가 쌓인다는 사람도 있어요.
사람은 이렇게 다양하기 때문에 재미있어요.
아, 이런 얘기를 하다 보니 오늘 저녁으로는 알싸한 해물찜이 먹고 싶어지네요.

 고추가 매워 혀끝이 알싸하다.

비슷한 어휘 매콤하다: 냄새나 맛이 약간 맵다.
싸하다: 혀나 목구멍 또는 코에 자극을 받아 아린 듯한 느낌이 있다.

4월

27일

야위다

몸의 살이 빠져 조금 파리하게 되다

혹시 주변에서나 텔레비전에서 많이 아파 야윈 친구를 본 적이 있을까요?
우리는 지금 씩씩하고 건강하지만, 조금만 돌아보면 큰 병에 걸려 학교에도
놀이터에도 가지 못하는 친구들이 있다는 사실을 알 수 있어요.
우리가 이렇게 매일 튼튼한 몸으로 학교에 가고 놀이터에서 뛰어놀 수 있다는 건
사실 엄청난 기적이고 행운이랍니다.

예문

어머니는 야윈 두 팔로 마르코를 힘껏 끌어안으며 소리 내어 웃었다.
그러다가 기쁨에 겨워 흐느껴 울었고, 다시 조금 있다가 웃음을 터뜨렸다.

출처: 《엄마 찾아 삼만리》, 에드몬도 데 아미치스, 미래엔아이세움

비슷한 어휘

마르다: 살이 빠져 야위다.
여위다: 몸의 살이 빠져 파리하게 되다.

반대말 어휘

살찌다: 몸에 살이 필요 이상으로 많아지다.

9월

4일

주눅

기운을 제대로 펴지 못하고 움츠러드는 태도나 성질

상대방이 너무 당당하면 나는 오히려 주눅이 들기도 하는데요.
그럴 때 나도 내가 가진 모든 기운을 동원하여
당당하게, 씩씩하게, 자신감 넘치게 행동해보면 좋겠어요.

예문

시우는 한 대 날리려고 주먹을 쥐었지만 차마 그렇게까지는 하지 못했다.
세완이의 당당한 태도에 오히려 주눅 들었기 때문이다.
출처: 《세금 내는 아이들》, 옥효진, 한국경제신문사

비슷한 어휘

위축: 어떤 힘에 눌려 졸아들고 기를 펴지 못함.

관용구 알기

주눅 들다: (사람이) 무섭거나 부끄러워 기세가 약해지다.

28일

매섭다

정도가 매우 심하다

우리 친구들이 거짓말을 하다 들키면 부모님과 선생님께서
매서운 눈초리로 혼내시죠? 그건 나를 사랑하지 않아서일까요?
그 반대예요. 정말 많이 사랑하기 때문에,
바르게 잘 자라기를 누구보다 바라기 때문이에요.

예문

매서운 추위가 몰아치는 겨울밤이면 오두막은 짐승의 우리보다
나을 것이 없었다. 차가운 겨울바람은 허름한 오두막 벽의 수많은
구멍을 귀신같이 찾아냈다.

출처: 《플랜더스의 개》, 위다, 미래엔아이세움

**비슷한
어휘**

쌀쌀하다: 날씨나 바람 따위가 음산하고 상당히 차갑다.
사납다: 비, 바람 따위가 몹시 거칠고 심하다.

**같은 말
다른 뜻**

'매섭다'는 '정도가 매우 심하다' 외에도 '남이 겁을 낼 만큼 성질이나 기세 따위가
매몰차고 날카롭다'라는 뜻을 가지고 있어 '눈길이 매섭다, 눈초리가 매섭다, 눈빛
이 매섭다' 등으로 활용되는 경우가 많습니다.

3일

되뇌다

같은 말을 되풀이하여 말하다

간절히 바라는 꿈이 있다면 여러 번, 자주, 틈날 때마다 되뇌어보세요.
간절히 원하면 이루어진다고 하잖아요.
우리 친구들의 간절한 꿈이 이루어지길 응원할게요.

예문

소녀와 헤어져 돌아오는 길에 소년은 혼자 속으로
소녀가 이사를 간다는 말을 수없이 되뇌어보았다.
출처: 《소나기》, 황순원, 삼성출판사

비슷한 어휘

반복하다: 같은 일을 되풀이하다.
되풀이하다: 같은 말이나 일을 자꾸 하다. 또는 같은 사태를 자꾸 일으키다.

헷갈리는 표현

되뇌이다: '되뇌다'의 비표준어로 '되뇌다'만 표준어로 삼고 있습니다.

29일

너스레

수다스럽게 떠벌려 늘어놓는 말이나 짓

반 친구 중에는 너스레를 잘 떠는 재미있는 친구도 있을 거예요.
그 친구가 말을 하기 시작하면 어떤 재미있는 얘기를 해줄까 싶어 귀가 쫑긋해지지요.
우리 친구들은 어떨 때 너스레를 떨고 싶어지나요?

예문

이러다가 족제비에게 숨은 곳을 들키게 될까봐 초조했다.
잎싹의 마음도 모르는 우두머리가 너스레를 떨었다.
출처: 《마당을 나온 암탉》, 황선미, 사계절

비슷한 어휘

넉살: 부끄러운 기색이 없이 비위 좋게 구는 짓이나 성미.
번설: 너저분한 잔말.

관련 어휘 알기

너스레웃음: 너스레를 떨며 웃는 웃음.

2일

재우치다

빨리 몰아치거나 재촉하다

교실에서 친구들과 함께 생활하다 보면 나도 모르게 친구들을 재우칠 때가 있죠?
모둠 과제를 어서 빨리 마무리하고 싶거나,
우리 모둠이 가장 먼저 끝내서 칭찬받고 싶을 때 그럴 거예요.

예문

엄마는 영희 앞으로 다가앉으며 재우쳐 물었다.
동하는 곧 비가 올 듯한 하늘을 바라보며
걸음을 재우쳤다.

비슷한 어휘

재촉하다: 어떤 일을 빨리하도록 조르다.
몰아치다: 갑작스럽게 하거나 몹시 서두르다.

교과서
수록 도서!

30일

조바심

조마조마하여 마음을 졸임. 또는 그렇게 졸이는 마음

신기하게도 말이에요. 정말 잘하고 싶은 일에 조바심을 내면 삐걱거리며
잘되지 않는 것 같고, 여유를 가지고 넉넉하게 마음먹으면
술술 잘 풀리는 기분이 들 거예요. 어떤 상황에서든 우리에게는 조바심보다는
여유로움이 도움이 된다는 소중한 사실을 기억하세요.

예문

나는 마요네즈 참치 삼각김밥과 딸기 우유를 골랐다. 영훈이도
같은 것으로 고르더니 계산대로 갔다. 그런데 영훈이가 계산은 하지 않고
바지 주머니며 가방을 뒤적이기 시작했다. 수학 학원까지 늦으면
안 되는데 조바심이 났다.

출처: 《시간가게》, 이나영, 문학동네

비슷한 어휘

감질, 안달복달: 바라는 정도에 아주 못 미쳐 애타는 마음.
조급증: 조급해하는 버릇이나 마음.

어휘 활용

조바심하다: 조마조마하여 마음을 졸이다.
조바심치다: 조바심을 몹시 나타내다.
이 외에도 '조바심 내다, 조바심 나다, 조바심 일다' 등 다양하게 활용됩니다.

1일

침착하다

행동이 들뜨지 아니하고 차분하다

긴장되는 순간에도 침착함을 잃지 않는 친구를 보면 부러울 때가 있죠?
우리도 침착함을 연습해볼까요?
말이 빨라지고 심장이 두근거릴수록 심호흡을 하고
웃음 띤 얼굴로 여유롭게 말해보아요!

예문

만약 마틸다와 똑같은 처지라면 아이들은 대부분
울고불고 눈물바다를 이루었을 것이다.
그러나 마틸다는 그러지 않았다. 꼼짝 않고 앉아서 침착하게 생각하고 있었다.

출처: 《마틸다》, 로알드 달, 시공주니어

**비슷한
어휘**

차분하다: 마음이 가라앉아 조용하다.
냉철하다: 생각이나 판단 따위가 감정에 치우치지 않고 침착하며 사리에 밝다.

**반대말
어휘**

급하다: 마음이 참고 기다릴 수 없을 만큼 조바심을 내는 상태에 있다.
성급하다: 성질이 급하다.

5월

9월

1일

용맹하다

용감하고 사납다

나만의 원대한 꿈을 이루기 위해서는 용맹함이 필요해요.
모두가 겁내는 일을 기꺼이 도전해본다든가, 높아 보이는 목표에 도전한다든가,
실패했을 때도 포기하지 않고 다시 도전한다든가 하는 모습 말이죠.
우리 친구들의 용맹스러운 도전을 응원할게요!

예문

나는 용맹한 장군처럼 앞장서서 걸었다.
죽음을 무릅쓰고 용맹하게 싸운 군인들에게 표창을 했다.

비슷한 어휘

용감하다: 용기가 있으며 씩씩하고 기운차다.
담대하다: 겁이 없고 배짱이 두둑하다.

반대말 어휘

비겁하다: 비열하고 겁이 많다.
비굴하다: 용기나 줏대가 없이 남에게 굽히기 쉽다.

8월

31일

두루뭉술하다

말이나 행동 따위가 철저하거나 분명하지 아니하다

글을 잘 쓰기 위해서는 두루뭉술한 표현을 피해야 해요.
'그럴 수도 있는 것 같다'라든가, '아닌 것 같지만 확실하지 않다'라는 표현으로는
내 생각과 논리와 근거를 제대로 담기 어려워요.

예문

두루뭉술하게 말하지 말고 똑바로 말하렴.
어젯밤 꿈이 두루뭉술하게 떠올랐다.

비슷한 어휘

어정쩡하다: 분명하지 아니하고 모호하거나 어중간하다.
어중간하다: 이것도 저것도 아니게 두루뭉술하다.

헷갈리는 표현

두리뭉실하다, 두루뭉술하다: '두루뭉술하다'가 바른 표현입니다.

5월

2일

웅숭그리다

춥거나 두려워 몸을 궁상맞게 몹시 웅그리다

어두운 골목을 걷다 보면 한구석에 웅숭그리고 앉아 있는
길고양이를 마주칠 때가 있어요. 다가가 쓰다듬어주고 먹이도 주고 싶은데
막상 그러지 못하고 지나칠 때가 훨씬 더 많지요.
춥고 배고픈 길고양이가 좋은 주인을 만나 따뜻하고 편안하게 지냈으면 좋겠어요.

예문

초인종이 딩동댕 하고 울렸다. 할아버지 프레드와 할머니 뤼세트는
겁에 질린 동물처럼 바닥에 웅숭그리고 있었다.

출처: 《나무》, 베르나르 베르베르, 이세욱 역, 열린책들

**비슷한
어휘**

웅크리다: 몸 따위를 움츠러들이다.
움츠리다: 몸이나 몸의 일부를 몹시 오그리어 작아지게 하다.

30일

납득하다

**다른 사람의 말이나 행동, 형편 따위를
잘 알아서 긍정하고 이해하다**

살아가다 보면 때로 도저히 납득하기 어려운 상황을 만날 때가 있어요.
아무리 이해하려 해도 이해하기 어려운 상황이죠.
일상의 모든 일이 편안하게 이해되면 정말 좋겠지만
그것까지는 무리인가 봐요.

예문

나는 학원에서 수준별로 반을 나누는 걸 납득할 수가 없었다.
그게 성적을 올리는 데 효율적일 수도 있겠지만,
내 성적은 오히려 학원에 다니면서 더 떨어졌다.

출처: 《체리새우:비밀글입니다》, 황영미, 문학동네

**비슷한
어휘**

이해하다: 깨달아 알다. 또는 잘 알아서 받아들이다.
수긍하다: 옳다고 인정하다.

3일

참담하다

끔찍하고 절망적이다. 몹시 슬프고 괴롭다

왜 이렇게 모든 게 엉망일까 싶을 정도로 참담했던 적 있나요?
그런 날에는 케이크를 먹어보세요.
끔찍하고 절망스러워 보였던 일들이 생각보다
훨씬 단순하고 가벼워 보이는 경험을 하게 될 거예요.

예문

공부에 집중하느라 그런다고 생각하기에는 방에서 들리는
온라인 게임 소리가 너무 커 그녀의 마음을 참담하게 만들 따름이었다.
출처:《불편한 편의점》, 김호연, 나무옆의자

비슷한 어휘

비참하다: 더할 수 없이 슬프고 끔찍하다.
괴롭다: 몸이나 마음이 편하지 않고 고통스럽다.

반대말 어휘

기쁘다: 욕구가 충족되어 마음이 흐뭇하고 흡족하다.
흐뭇하다: 마음에 흡족하여 매우 만족스럽다.

29일

아릿하다

조금 아린 느낌이 있다

우리 친구들 떡볶이 좋아하나요?
떡볶이를 좋아하는 이유는 여러 가지가 있겠지만,
혀끝이 아릿하도록 매콤한 맛 때문인 친구들도 많을 거예요.
이렇게 떡볶이에 관한 이야기를 하다 보니 입에 침이 고이는 느낌이에요.

예문

파라코는 바삭바삭했지만 유난히 짰어요.
아밀은 너무 짜다고 싫다고 했지만
나는 먹고 나서도 한동안 혀끝이 아릿하도록 짠맛이 남는 게 좋았어요.
출처: 《밤의 일기》, 비에라 히라난다니, 다산기획

비슷한 어휘

아리다: 혀끝을 찌를 듯이 알알한 느낌이 있다.
쓰리다: 쑤시는 것같이 아프다.

방언 알기

애리하다: '아릿하다'의 전남 지역 방언.
앨기댕댕하다: '아릿하다'의 강원 지역 방언.

5월

4일

실없다

말이나 하는 짓이 실답지 못하다

실없는 농담으로 반 친구들을 웃게 만드는 고마운 친구가 있어요.
왜 저렇게 실없을까 싶기도 하지만,
막상 그 친구가 우리 반에서 사라진 모습을 상상하면
어딘가 허전하고 아쉬운 마음이 들 거예요.

예문

실없는 사람.
실없게 행동하지 마라.

비슷한 어휘

싱겁다: 사람의 말이나 행동이 상황에 어울리지 않고 다소 엉뚱한 느낌을 주다.
주책없다: 일정한 줏대가 없이 이랬다저랬다 하여 몹시 실없다.

속담 알기

실없는 부처 손: 눈은 높아 좋은 것을 바라지만 손은 둔하여 이루지 못하는 경우를 비유적으로 이르는 말.
실없는 말이 송사 간다: 무심하게 한 말 때문에 큰 소동이 벌어질 수도 있음을 비유적으로 이르는 말.

28일

허술하다

치밀하지 못하고 엉성하여 빈틈이 있다

매사에 완벽하기란 쉽지 않지만, 지금 우리 친구들에게 허술해 보이는 구석이 있다면
조금 더 꼼꼼하게 메우는 노력을 해보세요.
이런 습관은 훗날 내가 정말 잘하고 싶은 일을 만났을 때
나를 반짝반짝 빛나게 해줄 거예요.

예문

언젠가 자동차 번호판이 나오도록 사진 찍어 올리는 허술한 짓을 했었는데
그때 진짜 그 자동차 주인이 댓글로 '사기꾼아, 이 건 내 차다'
이러는 바람에 난리가 한 번 났었다.

출처: 《구미호 식당(청소년판)》, 박현숙, 특별한서재

비슷한 어휘

엉성하다: 꽉 짜이지 아니하여 어울리는 맛이 없고 빈틈이 있다.

반대말 어휘

꼼꼼하다: 빈틈이 없이 차분하고 조심스럽다.
완벽하다: 결함이 없이 완전하다. 흠이 없는 구슬이라는 뜻에서 나온 말.

5월

교과서
수록 도서!

5일

제한하다

일정한 한도를 정하거나 그 한도를 넘지 못하게 막다

세상에는 어린이에게 제한하는 게 너무 많아요.
어린이가 볼 수 없는 영화도 많고, 놀이공원에서 못 타는 놀이기구도 많아요.
어서 어른이 되어서 제한 없이 마음껏 영화를 보고 놀이기구도 타고 싶죠?
어서 그날이 오길!

예문

다른 사람의 자유를 위해서
우리의 자유를 제한할 때도 있습니다.

출처: 《자유가 뭐예요?》, 오스카 브르니피에, 상수리

비슷한 어휘

통제하다: 일정한 방침이나 목적에 따라 행위를 제한하거나 제약하다.
규제하다: 규칙이나 규정에 의하여 일정한 한도를 정하거나 정한 한도를 넘지 못하게 막다.

반대말 어휘

허용하다: 허락하여 너그럽게 받아들이다.
용납하다: 너그러운 마음으로 남의 말이나 행동을 받아들이다.

27일

포근하다

감정이나 분위기 따위가 보드랍고 따뜻하여 편안한 느낌이 있다

하루를 마치고 현관에 들어서는 순간
온몸이 편안하고 포근한 느낌이 드는 건 집이 가진 특성 때문인데요,
다른 곳이 아닌 오직 집만이 가진 특성은,
서로 사랑하는 사람들만 모여 있는 공간이라는 것입니다.

예문

지훈의 엄마는 마리를 보자마자 다짜고짜 덥석 안았다. 몇 년 동안 못 본 조카를 대하는 이모 같았다. 마리는 당황스러워서 얼굴이 굳어버렸지만, 포근한 음식 냄새가 나는 품이 싫진 않았다.

출처: 《책들의 부엌》, 김지혜, 팩토리나인

비슷한 어휘

아늑하다: 따뜻하고 포근한 느낌이 있다.
따듯하다: 감정, 태도, 분위기 따위가 정답고 포근하다. '따뜻하다'보다 여린 느낌을 준다.

반대말 어휘

차갑다: 인정이 없이 매정하거나 쌀쌀하다.
서늘하다: 사람의 성격이나 태도 따위가 차가운 데가 있다.

6일

그지없다

끝이나 한량이 없다. 이루 다 말할 수 없다

어린이날에 놀이공원에 가본 적 있나요?
복잡하기 그지없지만, 마음만은 하늘을 날아오를 듯 행복한 표정의 어린이들로 가득하죠.
이번 어린이날에는 어떤 하루를 보냈나요?
행복하기 그지없었나요?

예문

푸른 언덕이라는 청파동과
그곳에 자리 잡은 불편하기 그지없다는 편의점도 보이는 것 같았다.
출처: 《불편한 편의점》, 김호연, 나무옆의자

**비슷한
어휘**

가없다: 끝이 없다.
무한하다: 수, 양, 공간 시간 따위에 제한이나 한계가 없다.

**반대말
어휘**

유한하다: 수, 양, 공간, 시간 따위에 일정한 한도나 한계가 있다.

26일

게슴츠레

졸리거나 술에 취해서 눈이 흐리멍덩하며 거의 감길 듯한 모양

늦게 잠든 다음 날이면 아침에 일어나기가 정말 힘들죠.
8시가 넘었는데도 눈을 게슴츠레 뜨고 정신줄을 놓고 있다 보면
엄마의 고함 소리가 들려올 거예요. 정신 차립시다!

예문

엄마는 방금 깼는지 눈만 게슴츠레 뜨고 있었어.
빵집 오픈 알바를 하느라 새벽에 일어나는 엄마는
집에 오면 이렇게 오랫동안 잠들어 있곤 해.
출처: 《바꿔》, 박상기, 비룡소

**비슷한
어휘**

가슴츠레, 거슴츠레: '게슴츠레'와 같은 뜻.

**헷갈리는
표현**

게슴치레: '게슴츠레'의 잘못된 표현으로 '게슴츠레'가 표준어입니다.

5월

7일

얕보다

실제보다 낮추어 깔보다

내가 무언가를 잘했다 싶을 때 나도 모르게
나보다 잘하지 못한 친구를 얕보는 마음이 들기도 해요.
하지만 그 마음이 말, 행동, 표정으로 그 친구에게 전달되지 않도록 노력해야 해요.
그게 진짜 멋진 사람이지요.

예문

상대를 얕보고 덤볐다간 큰코다치기 쉽다.
나는 얕보이지 않으려고 어깨에 잔뜩 힘을 주고 들어갔다.

비슷한 어휘

무시하다: 사람을 깔보거나 업신여기다.
깔보다: 얕잡아 보다.

8월

25일

달가워하다

마음에 흡족하게 여기다

우리 친구들이 이루고 싶은 멋진 꿈을 주변 어른들께 말씀드렸을 때
썩 달가워하지 않을 수도 있어요. 그런 일은 하지 말라고 말리실 수도 있어요.
그런 주변의 걱정 어린 조언은 잘 듣고 마음에 새기되
그것 때문에 흔들릴 필요는 없답니다.

예문

그날 저녁, 나는 엄마 몰래 아빠에게 전화를 걸었다.
엄마는 여전히 내가 선거에 나가는 걸 달가워하지 않았다.
누나가 반장 선거에 나간다고 했어도 그랬을까 싶어 못내 서운했다.
출처: 《잘못 뽑은 반장》, 이은재, 주니어김영사

**비슷한
어휘**

반가워하다: 반가움을 느끼다.

**반대말
어휘**

씁쓸하다: 달갑지 아니하여 조금 싫거나 언짢다.

8일

노심초사

몹시 마음을 쓰며 애를 태움

늘 씩씩해 보이는 부모님이 사실은 내 걱정에 노심초사하는 중이라는 사실,
혹시 눈치 챈 적 있나요? 나를 세상에서 가장 사랑하는 분이시기에 걱정도 많으시겠죠?
어버이날을 맞아 오늘은 노심초사하는 부모님께
감사하다고, 사랑한다고 고백해보는 건 어떨까요?

예문

나는 정말 그런 줄 알다가 해방이 되고 나서야 비로소
그 글이 언문이 아니라 자랑스러운 우리 한글이고 세종대왕과 학자들이
얼마나 오랜 세월 노심초사해서 만들었나를 알게 되었다.

출처: 《그 많던 싱아는 누가 다 먹었을까》, 박완서, 웅진지식하우스

비슷한 어휘

고심: 몹시 애를 태우며 마음을 씀.
가슴앓이: 안타까워 마음속으로만 애달파하는 일.

북한어 알기

뇌심초사, 로심초사: '노심초사'의 북한어

24일

단호하다

결심이나 태도, 입장 따위가 과단성 있고 엄격하다

언제나 모든 면에서 단호할 필요는 없지만 나만의 원칙에 따라 단호해야 할 때도 있어요.
예를 들어 친구가 선생님께 거짓말을 하려 할 때 그것을 반대한다든가,
동생이 자꾸 내 필통을 꺼내가는 것 때문에 힘들다면
단호하게 내 생각과 감정을 표현하세요.

예문

"그 사람이 누구인지 물어봐도 돼요?"
"아니."
아저씨는 잘라 말했다. 물어본 게 자존심 상할 만큼 단호했다.
출처: 《구미호 식당(청소년판)》, 박현숙, 특별한서재

비슷한 어휘

결연하다: 마음가짐이나 행동에 있어 태도가 움직일 수 없을 만큼 확고하다.
어기차다: 한번 마음먹은 뜻을 굽히지 아니하고, 성질이 매우 굳세다.

반대말 어휘

말랑하다: 사람의 몸이나 기질이 야무지지 못하고 맺힌 데가 없어 약하다.

9일

발각되다

숨기던 것이 드러나다

결코 들키고 싶지 않은 나만의 비밀이 발각될 때가 있어요.
꽁꽁 숨겨온 일기장, 몰래 모아두었던 용돈, 말하고 싶지 않은 시험지 등이 그래요.
그런 건 좀 못 본 척 넘어가 주면 좋을 텐데 말이죠.

예문

우리에게 늘 채소를 배달해주던 판 호펜 씨가 오늘 아침에 체포되었어.
집에 유대인 두 명을 몰래 숨겨준 것이 발각되었대.
출처: 《안네의 일기》, 안네 프랑크

비슷한 어휘

들키다: 숨기려던 것을 남이 알게 되다.
탄로: 숨긴 일을 드러냄.

반대말 어휘

숨기다: 감추어 보이지 않게 하다.
감추다: 남이 보거나 찾아내지 못하도록 가리거나 숨기다.

23일

대담하다

담력이 크고 용감하다

정말 하고 싶은 일이 있다면 대담하게 시도해보는 건 어린이의 특권이에요.
어른이 되고 나면 대담한 행동에 따른 모든 책임을 자신이 져야 하기 때문에
섣불리 시도하기가 점점 더 어려워지거든요.
우리 친구들은 어떤 일을 대담하게 시도해보고 싶은가요?

예문

그는 성격이 대담하다.
기사는 자기보다 큰 사람과도 대담하게 맞서 싸웠다.

**비슷한
어휘**

담대하다: 겁이 없고 배짱이 두둑하다.
담차다: 겁이 없이 대담하고 여무지다.

**반대말
어휘**

소담하다: 겁이 많고 배짱이 없다.
소심하다: 대담하지 못하고 조심성이 지나치게 많다.

10일

고꾸라지다

앞으로 고부라져 쓰러지다

시원하게 쭉쭉 나가는 자전거를 타고 가다 보면
어느새 구불구불한 길을 만나고 돌부리를 만나기도 해요.
그러다 어느 순간 콕, 하고 자전거와 함께 바닥에 고꾸라지는 일도 있을 거예요.
뭐, 어떤가요? 툭툭 털고 일어나서 또 씽씽 달려봐요!

예문

나도 모르게 마음속으로 빌고 있는데
갑자기 윤아가 앞으로 폭 고꾸라지지 뭐예요.
장난꾸러기 창훈이가 다른 아이들이랑 장난치며 뛰다가 윤아와 부딪힌 거죠.

출처: 《콩닥콩닥 짝 바꾸는 날》, 강정연, 시공주니어

**비슷한
어휘**

엎어지다: 서 있는 사람이나 물체 따위가 앞으로 넘어지다.
쓰러지다: 힘이 빠지거나 외부의 힘에 의하여 서 있던 상태에서 바닥에 눕는 상태가 되다.

**센말
알기**

꼬꾸라지다: '고꾸라지다'보다 센 느낌을 주어 느낌을 강하게 표현할 때 사용합니다.

8월

22일

초과하다

**일정한 수나 한도 따위가 넘어가다
또는 일정한 수나 한도 따위를 넘다**

신용카드는 한 달에 결제할 수 있는 금액이 정해져 있어요.
그 금액만큼 쓰고 나면 더 이상의 결제는 불가능합니다.
만약 그 이상의 금액을 결제하려고 하면 '한도 초과입니다'라는 안내를 받아요.

예문

승차 인원이 정원을 초과하다.
이 장치는 제한 시간을 초과하면 자동으로 작동을 멈추게 되어 있습니다

**비슷한
어휘**

넘어서다: 일정한 기준이나 한계 따위를 넘어서 벗어나다.
넘다: 일정한 기준이나 한계 따위를 벗어나 지나다.

**반대말
어휘**

부족하다: 필요한 양이나 기준에 미치지 못해 충분하지 아니하다.

11일

난처하다

이럴 수도 없고 저럴 수도 없어 처신하기 곤란하다

길을 걷다가 내게 길을 묻는 사람을 만났는데, 나도 잘 모르는 곳이라면 정말 난처하지요.
도와드리고 싶은데 도와드릴 수 없으니까요.
그럴 땐 솔직함이 최고랍니다. 내가 솔직하게 모른다고 말씀드려야
얼른 다른 분의 도움을 받을 가능성이 높아지니까요.

예문

그가 먼저 나서는 바람에 내 입장이 난처해졌다.
나는 난처할 때면 뒤통수에 손을 갖다 대는 버릇이 있다.

**비슷한
어휘**

어렵다: 상대가 되는 사람이 거리감이 있어 행동하기가 조심스럽고 거북하다.
거북하다: 마음이 어색하고 겸연쩍어 편하지 않다.

**반대말
어휘**

괜찮다: 탈이나 문제, 걱정이 되거나 꺼릴 것이 없다.
무방하다: 거리낄 것이 없이 괜찮다.

21일

간담

간과 쓸개를 아울러 이르는 말. 속마음을 비유적으로 이르는 말

큰소리치며 짚라인에 도전했지만 아찔한 높이에
간담이 서늘해져 포기해본 적이 있나요?
지금 당장 성공하지 못했더라도 좌절하지 말아요.
1년 후, 5년 후, 10년 후에 다시 도전하면 되니까요.

예문

영화 속 귀신의 모습에 간담이 서늘해졌다.
갑자기 차가 달려드는 바람에 간담이 내려앉는 줄 알았다.

**관용구
알기**

간담이 서늘하다: 몹시 놀라서 섬뜩하다.
간담이 내려앉다, 간담이 떨어지다: 몹시 놀라다.

5월

12일

쾌활하다

명랑하고 활발하다

친구 중에 유독 쾌활한 친구가 있나요?
그 친구를 보면 어떤 기분이 드나요? 같이 기분이 좋아지지 않나요?
사람의 성격은 다양하지만,
오늘은 나도 그 친구처럼 쾌활하게 생활해보는 건 어떨까요?

예문

아휴, 얼마나 시끄럽게 고함을 질러댔는지!
고함 소리가 온 동네에 다 들릴 정도였다니까요.
하지만 그건, 말린이 쾌활한 탓이었어요.

출처: 《내 이름은 삐삐 롱스타킹》, 아스트리드 린드그렌, 시공주니어

비슷한 어휘

명랑하다: 유쾌하고 활발하다.
밝다: 분위기, 표정 따위가 환하고 좋아 보이거나 그렇게 느껴지는 데가 있다.

반대말 어휘

우울하다: 근심스럽거나 답답하여 활기가 없다.
침울하다: 걱정이나 근심에 잠겨서 마음이 우울하다.

20일

익히다

자주 경험하여 능숙하게 하다

학교 수업 시간은 알아야 할 내용을 배우는 시간이라면,
그 내용이 내 것이 되도록 익히는 것은 온전히 나의 몫이에요.
배우기만 하고 익히지 않으면 그 많은 교과서의 내용은
그저 교과서에만 적혀 있을 뿐이랍니다.

예문

블링크 아저씨는 보지 않고 귀로 들어서 음악을 익혔어요.
아저씨의 피아노에는 악보도 없고 전등도 없어요.

출처: 《진짜 투명인간》, 레미 크루종, 씨드북

비슷한 어휘

갈고닦다: 학문이나 재주 따위를 힘써 배우고 익히다.
단련하다: 어떤 일을 반복하여 익숙하게 하다.

관용구 알기

면목을 익히다: 자주 대하여 얼굴을 잘 알 수 있게 하다.

5월

13일

원망하다

못마땅하게 여기어 탓하거나 불평을 품고 미워하다

결과가 만족스럽지 못하면 남을 원망하거나 다른 핑계를 찾게 돼요.
속상한 마음에 그럴 수는 있지만,
우리 친구들은 '내가 어떤 노력을 더 했다면 결과가 달라졌을까'를
고민하고 답을 찾았으면 좋겠어요.

예문 그는 자신의 처지를 원망하며 울었다.

비슷한 어휘 불평하다: 마음에 들지 아니하여 못마땅하게 여기다. 또는 못마땅한 것을 말이나 행동으로 드러내다.

속담 알기 자신을 아는 사람은 남을 원망하지 않는다: 자신의 한계와 장단점을 잘 알고 있는 사람은 일이 잘못되었을 때 스스로 먼저 성찰하고 남을 탓하지 않는다는 말.
나막신 신고 돛단배 빠르다고 원망하듯: 자기가 뒤떨어진 것은 깨닫지 못하고 남이 빨리 나아가는 것만 원망함을 비유적으로 이르는 말.

19일

결합하다

둘 이상의 사물이나 사람이 서로 관계를 맺어 하나가 되다 또는 그렇게 되게 하다

무선 이어폰과 보청기를 결합한 새로운 모델이 출시될 예정이라고 해요.
이처럼 발달된 기술 덕분에 생각지 못했던 것들이 결합하는
놀라운 일들이 일어나네요.

예문

이번에는 컴퓨터와 로봇이 결합했어.
로봇에게 감각 기관과 신경, 근육뿐 아니라 뇌가 생긴 거야!
출처: 《미래가 온다, 로봇》, 김성화·권수진, 와이즈만books

비슷한 어휘

합하다: 여럿이 한데 모이다. 또는 여럿을 한데 모으다.
맞추다: 서로 떨어져 있는 부분을 제자리에 맞게 대어 붙이다.

반대말 어휘

분리하다: 서로 나누어 떨어지게 하다.
분해하다: 여러 부분이 결합되어 이루어진 것을 그 낱낱으로 나누다.

14일

당상

조선 시대에 둔, 정삼품 상(上) 이상의 품계에 해당하는 벼슬을 통틀어 이르는 말

자신 있는 과목의 시험을 보면
백 점은 떼어 놓은 당상이라는 생각이 들 만큼 자신만만한 기분이 들 거예요.
그 정도로 열심히 노력한 자체를 칭찬하고 싶어요.
백 점을 기대할 수 있을 만큼 열심히 했다는 말이잖아요.

예문   지유는 이번 시험에서 1등은
자신이 떼어 놓은 당상이라고 자신만만했다.

관용구 알기   떼어 놓은 당상: 정삼품 이상의 벼슬을 이미 떼어 놓았다는 뜻으로, 틀림없이 될 것이 확실한 것을 이르는 말. '따 놓은 당상'과 같은 말.

18일

짐짓

마음으로는 그렇지 않으나 일부러 그렇게

부모님께서 우리 친구들에게 바른 가르침을 주기 위해
짐짓 엄한 목소리로 혼내실 때가 있어요.
너무 서운해하지 말고 그 말씀을 귀담아듣도록 해요.

예문

"아니, 누가 이 시간에 여기서 자고 있어?"
할아버지가 짐짓 큰 소리로 말했어요. 하지만 두 사람은 꿈쩍도 안 했어요.
출처:《동네 한 바퀴》, 김순이, 한겨레아이들

비슷한 어휘

부러: 실없이 거짓으로.
일부러: 알면서도 마음을 숨기고.

헷갈리는 표현

진짓: '짐짓'을 발음하기 편하도록 '진짓'이라고 하는 경우가 있으나 '짐짓'이 바른 표현입니다.

5월

교과서
수록 도서!

15일

윽박지르다

심하게 짓눌러 기를 꺾다

나는 잘못한 게 없는데, 나의 잘못으로 오해하고
누군가 나를 윽박지르는 상황에 처할 때가 있어요.
정말 억울한 노릇이죠. 당황스럽고 속상한 마음이 크겠지만,
침착하게 상황을 잘 설명하면 상대방도 오해를 풀 거예요.

예문

선생님은 자기 실수를 깨닫고 자넷에게 사과했다.
그러고 나서 이내 매처럼 사나운 표정을 지으며
아이들을 윽박질렀다.

출처:《프린들 주세요》, 앤드루 클레먼츠, 사계절

**비슷한
어휘**

닦달하다: 남을 단단히 윽박질러서 혼을 내다.
으르다: 상대편이 겁을 먹도록 무서운 말이나 행동으로 위협하다.

**헷갈리는
표현**

욱박지르다, 윽다지르다: '윽박지르다'의 잘못된 표현

17일

하염없다

어떤 행동이나 심리 상태 따위가
자신의 의지와는 상관없이 계속되는 상태이다

슬픈 영화를 보면서 눈물을 흘려본 적 있나요?
주인공의 감정에 이입되어 하염없이 눈물을 흘리고 나면
마치 내가 영화 속 주인공이 된 듯한 착각이 든답니다.

예문

그는 잠을 자지도 않았고 꿈을 꾸지도 않았다.
하염없이 생각만 계속하고 있었다.

출처: 《나무》, 베르나르 베르베르, 이세욱 역, 열린책들

**비슷한
어휘**

끝없다: 끝나는 데가 없거나 제한이 없다.
한없다: 끝이 없다.

**반대말
어휘**

끝내다: 일을 다 마무리하다.

16일

호화롭다

사치스럽고 화려한 느낌이 있다

크루즈 여객선을 타보면 호화로운 모습의 여러 시설에 깜짝 놀라게 됩니다.
배도 호화롭고, 그곳에 탄 사람들의 모습도 호화롭고, 식당의 음식도 호화로워요.
그리고 무엇보다 호화로운 수영장까지 있다고 하니
우리 친구들도 꼭 한 번 타보세요.

예문

커튼 사이로 보이는 집 안의 가구들은 아주 고급스러웠다.
그런데 정원과 온실까지 딸린 이 호화로운 저택은 왠지 활기가 없어 보였다.

출처:《작은 아씨들》, 루이자 메이 올컷, 삼성출판사

비슷한 어휘

화려하다: 환하게 빛나고 곱고 아름답다.
호화찬란하다: 매우 호화로워 눈부시게 아름답다.

뜻풀이 속 어휘

사치: 필요 이상의 돈이나 물건을 쓰거나 분수에 지나친 생활을 함.

8월

16일

솔깃하다

그럴듯해 보여 마음이 쏠리는 데가 있다

만약에 친구가 이번 주말에 재미있는 영화를 보러 가자는
솔깃한 제안을 한다면 정말 신나겠죠?
그렇게 함께하고 싶은 친구가 있다는 건 정말 대단한 행복이고 행운이죠.

예문

"그게 사실이야? 이런 군침 도는 얘기가 사실이냐고?
난 수준 높은 생활을 좋아해서,
네 얘기를 들으니까 솔깃해지는데."

출처: 《샬롯의 거미줄》, 엘윈 브룩스 화이트, 시공주니어

비슷한 어휘

쏠리다: 마음이나 눈길이 어떤 대상에 끌려서 한쪽으로 기울어지다.
기울다: 마음이나 생각 따위가 어느 한쪽으로 쏠리다.

17일

자자하다

여러 사람의 입에 오르내려 떠들썩하다

우리 학교에 영화배우인 친구가 전학을 온다면,
그 친구에 관한 소문이 온 학교에 자자하겠죠?
그 친구가 영화를 찍으면서 있었던 일을 이야기해준다면
그 또한 무척이나 흥미로울 것 같고 말이에요.

예문

"여러분, 이분은 존경할 만한 인물로 명성이 자자한 마들렌 씨입니다.
아무래도 마들렌 씨에게 무슨 문제가 생긴 모양입니다.
만약 이 자리에 의사가 계신다면
이분을 집으로 모셔다 주시기 바랍니다."
출처: 《레 미제라블》, 빅토르 마리 위고, 미래엔아이세움

**비슷한
어휘**

짜하다: 퍼진 소문이 왁자하다.
파다하다: 소문 따위가 널리 퍼져 있다.

15일

어리다

어떤 현상, 기운, 추억 따위가 배어 있거나 은근히 드러나다

우리 친구들이 피땀 어린 노력을 하는 이유는 무엇인지 궁금해요.
엄마가 열심히 하라고 해서? 열심히 하지 않으면 아빠께 혼날까봐?
겨우 이 정도의 이유는 아니겠죠?
더 원대하고 멋진 우리 친구들만의 이유가 진심으로 궁금합니다.

예문

색종이로 삐뚤빼뚤 물고기 모양을 오리고 있던
누나가 벌떡 일어나서 달려왔다. 누나는 존경 어린 눈빛으로
나를 바라보았다. 반장이 대통령쯤이나 된다고 믿는 모양이었다.

출처: 《잘못 뽑은 반장》, 이은재, 주니어김영사

비슷한 어휘

깃들다: 감정, 생각, 노력 따위가 어리거나 스미다.
머금다: 생각이나 감정을 표정이나 태도에 조금 드러내다.

관용구 알기

눈에 어리다: 어떤 모습이 잊히지 않고 머릿속에 뚜렷하게 떠오르다.
피땀 어리다: (사람이) 온갖 정성과 힘이 다 들다.

18일

책망하다

잘못을 꾸짖거나 나무라며 못마땅하게 여기다

동생이 내 책상을 어지럽혔을 때 따끔하게 혼내고 책망하여
다시는 그렇게 하지 못하도록 하는 방법도 있지만,
그렇게 어지럽히면 언니의 마음이 어떤지 알아듣게 잘 설명해주는 방법도 있어요.
어떤 방법이 좋을까요?

예문

"그렇게 책망하지 말고 내 말을 좀 들어주시오. 처음에는 분명히 거절했었소.
하지만 포샤, 내 친구의 목숨을 구해준 고마운 분이 원하는 것을
어떻게 거절할 수가 있겠소?
출처: 《베니스의 상인》, 셰익스피어

비슷한 어휘

꾸지람하다: 아랫사람의 잘못을 꾸짖다.
나무라다: 상대방의 잘못이나 부족한 점을 꼬집어 말하다.

헷갈리는 표현

'책망하다'는 다른 누군가의 잘못을 꾸짖는 것을 말합니다. 그렇다면 자신의 결함
이나 잘못에 대하여 스스로 깊이 뉘우치고 자신을 책망하는 것은 무엇이라고 할까
요? 스스로를 책망할 때는 '자책하다'라고 씁니다.

8월

14일

맞장구

남의 말에 덩달아 호응하거나 동의하는 일

내 말에 친구가 열심히 맞장구 쳐주면 신이 나 더 열심히 말을 하게 되죠.
친구가 말을 할 때도 경청하고 맞장구를 쳐주세요.
친구도 더 열심히 재미있게 말해줄 거예요.

예문

길게 늘어진 밧줄을 주머니칼로 잘라내며 포터 영감이 말하자
인디언 조도 맞장구쳤다.

출처: 《톰 소여의 모험》, 마크 트웨인, 미래엔아이세움

**비슷한
어휘**

동조: 남의 주장에 자기의 의견을 일치시키거나 보조를 맞춤.
맞장단: 남의 말에 덩달아 호응하거나 동의하는 일.

**방언
알기**

맞방구: '맞장구'의 전남 지역 방언.

5월

19일

생생하다

바로 눈앞에 보는 것처럼 명백하고 또렷하다

잘 만든 영화를 보다 보면 실제 있는 일인 것처럼
생생하게 느껴지는 순간이 있어요.
영화 속 어떤 장면은 마치 내가 그 장면에 함께 있는 것처럼 생생하고요.
그 재미에 사람들이 영화를 즐겨 보나 봐요.

예문

세라는 걸려 있는 잠옷에 얼굴을 비벼보고 찻잔을 만져보고,
쿠션을 힘껏 안아보았다. 모든 느낌이 생생했다.

출처: 《소공녀》, 프랜시스 호지슨 버넷

순우리말 알기

'생생하다'는 한자가 아닌 순우리말입니다.
아름다운 순우리말 몇 개를 소개해보겠습니다.
달보드레하다: 약간 달큼하다.
라온: 즐거운
볼우물: 보조개
윤슬: 햇빛이나 달빛에 비치어 반짝이는 잔물결

13일

천진난만하다

**말이나 행동에 아무런 꾸밈이 없이
그대로 나타날 만큼 순진하고 천진하다**

해맑고 천진난만한 표정으로 같이 놀자고 달려오는 동생을 보면 정말 귀엽지요.
순수하게 기뻐하고 즐거워하는 모습을 보고 있으면
나도 덩달아 즐거운 마음이 든답니다.

예문

"아탈, 땅을 왜 파는 거니?"
아탈은 천진난만한 얼굴로 웃으며 대답했다.
"무덤을 만들려고."
출처: 《나는 그냥 말랄라입니다》, 레베카 로웰, 푸른숲주니어

**비슷한
어휘**

순진하다: 마음이 꾸밈이 없고 순박하다.
해맑다: 사람의 모습이나 자연의 대상 따위에 잡스러운 것이 섞이지 않아 티 없이
깨끗하다.

**반대말
어휘**

불순하다: 딴 속셈이 있어 참되지 못하다.

5월

교과서 수록 도서!

20일

골내다

비위에 거슬리거나 마음이 언짢아서 성을 내다

자기 마음에 들지 않는다고 혼자 골내고 성질부리는 친구가
우리 모둠에 있을 때처럼 곤란한 경우도 없을 거예요.
설마 우리 친구들이 그렇게 골내는 사람은 아니겠죠?
이 세상은 혼자 사는 세상이 아니에요. 자기 감정만 내세우는 사람은 되지 맙시다.

예문

병정같이 벌떡 일어서서 말한 것은 창남이었다.
억지로 골낸 얼굴을 지은 선생님은 기어이 다시 웃고 말았다.
아무 말 없이 빙그레 웃고는 그냥 나가버렸다.

출처: 《만년셔츠》, 방정환

비슷한 어휘

성내다: 노여움을 나타내다.
화내다: 몹시 노하여 화증(火症)을 내다.

방언 알기

꼴내다: '골내다'의 전남 지역 방언.

8월

12일

홀리다

무엇의 유혹에 빠져 정신을 차리지 못하다

홀린 듯 빠져들게 만드는 재미있는 유튜브 영상이 있어요.
하나를 보면 또 보고 싶고, 계속해서 보고 싶은 마음이 들 거예요.
그럴 때 내가 계획한 시간만큼 보는 것으로
조절할 수 있는 사람이 정말 멋진 사람이에요.

예문

도깨비장난에 홀리다.
친구에 말에 홀려 잔뜩 군것질을 했다.

비슷한 어휘

빠지다: 무엇에 정신이 아주 쏠리어 헤어나지 못하다.
미치다: 어떤 일에 지나칠 정도로 열중하다.

방언 알기

홀키다: '홀리다'의 경남 지역 방언.
홀리키다: '홀리다'의 강원 지역 방언.

21일

마른침

**애가 타거나 긴장하였을 때 입 안이 말라
무의식중에 힘들게 삼키는 아주 적은 양의 침**

올림픽 대회에서 우리나라 선수들이 결승전에 진출하면
온 가족이 모여 마른침을 삼키며 응원을 하지요.
그러다 마침내 금메달을 따낸 자랑스러운 대한민국 선수들을 보며
얼싸안고 기쁨을 만끽하고요.

예문

나는 마른침을 삼켰다.
아현이가 '말해줄까?' 하는 표정으로 나를 쳐다보았다.
출처: 《나에게 없는 딱 세 가지》, 황선미, 위즈덤하우스

**비슷한
어휘**

건침: '마른침'과 같은 말.

**관용구
알기**

마른침을 삼키다: 몹시 긴장하거나 초조해하다.

8월

11일

주저하다

머뭇거리며 망설이다

주저하다가 결국 못한 일 때문에 후회해본 적 있을 거예요.
할까, 말까 망설여질 땐 그냥 일단 해보세요.
어차피 주저하느라 못해도 후회하고, 시작해도 후회할 일이라면
해보고 후회하는 게 훨씬 나으니까요.

예문

허수아비는 주저하지 않고 대답했다. "전 에메랄드 시로 돌아갈 겁니다.
제가 다스려야 할 백성들이 기다리고 있거든요. 하지만 망치 머리 인간들
때문에 어떻게 돌아가야 할지 고민이에요."

출처: 《오즈의 마법사》, L. 프랭크 바움, 미래엔아이세움

비슷한 어휘

망설이다: 이리저리 생각만 하고 태도를 결정하지 못하다.
머뭇거리다: 말이나 행동 따위를 선뜻 결단하여 행하지 못하고 자꾸 망설이다.

반대말 어휘

결단하다: 결정적인 판단을 하거나 단정을 내리다.
결정하다: 행동이나 태도를 분명하게 정하다.

22일

귓등

귓바퀴의 바깥쪽 부분

선생님께서 말씀하실 때 귓등으로도 안 듣고 있다가 준비물을 안 챙기고,
숙제를 안 해오는 친구들이 있어요. 결국 그렇게 귓등으로도 안 들은 것에 대한
모든 피해는 자기 자신에게 돌아가지요.

예문

아빠가 중얼거리고 한숨을 푹 쉬었다.
"애들한테 친구가 얼마나 중요한데,
귓등으로도 안 들을걸."
출처:《나에게 없는 딱 세 가지》, 황선미, 위즈덤하우스

**관용구
알기**

귓등으로도 안 듣는다: (사람이 말이나 이야기를) 마음에 새겨듣지 아니하고 들은
체 만 체 하다.
귓등으로 듣다: 듣고도 들은 체 만 체 하다.
귓등으로 흘리다: 귀담아 듣지 아니하고 듣는 둥 마는 둥 하다.

8월

교과서 수록 도서!

10일

공정무역

상호 간의 혜택이 동등한 가운데 이루어지는 무역

요즘 문을 여는 카페들을 보면 공정무역을 통해 거래한
커피 원두를 적극적으로 활용하는 곳이 점점 많아지고 있다고 해요.
어떤 물건이든 생산자의 노력을 빛나게 해주는
공정한 거래가 더 많아졌으면 좋겠어요.

예문

생산자와 소비자가 평등한 만남을 통해 공정한 거래를 하는 것,
그렇게 부가 공정하게 분배되도록 하는 것이 공정무역의 핵심입니다.
출처: 《사회 선생님이 들려주는 공정무역 이야기》, 전국사회교사모임, 살림출판사

비슷한 어휘

공정 거래: 공정하게 하는 거래.

어휘 속 어휘

공정: 공평하고 올바름.
무역: 나라와 나라 사이에 서로 물품을 매매하는 일.

23일

측은하다

가엾고 불쌍하다

어린 나이에 큰 병을 앓고 힘들어하는 아기들의 모습을
텔레비전에서 마주할 때가 있어요. 힘들어하는 아기의 모습이 측은해
뭐라도 도와주고 싶은 마음이 몽글몽글 생겨난답니다.
우리가 어떻게 도울 수 있을까요?

예문

동호가 당황스러워하며 창피해하는 모습이 눈에 보이는 듯했다.
어이없다는 생각이 사그라들며 동호가 측은하게 여겨졌다.

출처: 《수상한 화장실》, 박현숙, 북멘토

**비슷한
어휘**

가엾다: 마음이 아플 만큼 안되고 처연하다.
딱하다: 사정이나 처지가 애처롭고 가엾다.

**방언
알기**

칙은하다: '측은하다'의 전남 지역 방언.
칙은덕하다: '측은하다'의 강원 지역 방언.

9일

족보

한 가문의 계통과 혈통 관계를 적어 기록한 책

나의 뿌리를 알게 해주는 족보를 본 적이 있나요?
사실 요즘은 족보를 거의 보기 힘들어서 우리 친구들은 구경도 해본 적 없을 것 같아요.
방학 때 할아버지 댁에 가게 된다면 한번 여쭤보세요.
"할아버지, 족보를 가지고 계신가요?"

예문

아빠는 곧 유사프자이 가문의 족보에 파란 잉크로
말랄라의 이름을 적어넣었다.
이는 아들만 족보에 올리는 관습을 깬 용기 있는 행동이었다.

출처: 《나는 그냥 말랄라입니다》, 레베카 로웰, 푸른숲주니어

**비슷한
어휘**

계보: 조상 때부터 내려오는 혈통과 집안의 역사를 적은 책.
가보: 한집안의 친족관계나 내력을 계통적으로 적은 책.

**관용구
알기**

족보를 따지다(캐다): 어떤 일의 근원을 밝히다.

24일

모질다

마음씨가 몹시 매섭고 독하다

위인전을 읽다 보면 공통점이 있어요.
신기하게도 위인들의 어린 시절에는
위인을 힘들게 하는 모진 사람이 주변에 꼭 있어요.
그게 위인이 되기 위한 필수 조건 같은 건가요?

예문

"아버지는 정말 너무하셔! 내일 내 생일에 넬로를 초대하면 안 된대.
아버지가 도대체 왜 그러시는지 모르겠어.
왜 넬로만 그렇게 모질게 대하시는 걸까? 넬로, 난 정말 어쩌면 좋아. 흑흑……."

출처: 《플랜더스의 개》, 위다, 미래엔아이세움

비슷한 어휘

심하다: 정도가 지나치다.
사납다: 성질이나 행동이 모질고 억세다.

반대말 어휘

순하다: 기세가 거칠거나 세지 않다.
다정하다: 정이 많다. 또는 정분이 두텁다.

8일

색다르다

동일한 종류에 속하는 보통의 것과 다른 특색이 있다

오늘은 말이죠, 이제껏 한 번도 해보지 않은 색다른 도전을 해보세요.
한 번도 칠해본 적 없는 색깔을 골라보거나,
한 번도 가보지 않은 길로 걸어가 보거나 하는 색다른 시도는
우리에게 새로운 영감을 주지요.

예문

초등학교 마지막 1년을 보낼 6학년 생활의 시작은 색달랐다.
무지개초등학교 6학년 1반은 이제 6학년 1반을 우리 반이라고
부르지 않고 '우리나라'라고 부른다.
출처: 《세금 내는 아이들》, 옥효진, 한국경제신문사

비슷한 어휘

별나다: 보통과는 다르게 특별하거나 이상하다.
특이하다: 보통 것이나 보통 상태에 비하여 두드러지게 다르다.

반대말 어휘

같다: 다른 것과 비교하여 그것과 다르지 않다.
유사하다: 서로 비슷하다.

5월

25일

의기양양

뜻한 바를 이루어 만족한 마음이 얼굴에 나타난 모양

교과서
수록 도서!

텔레비전에서 동물 프로그램을 보면
먹잇감을 사냥해서 돌아가는 동물들의 의기양양한 모습을 볼 수 있어요.
그 먹이를 새끼들과 나눠먹는 다정한 모습도 볼 수 있고요.

예문

미라는 서영이를 골탕 먹인 게 재미있다는 듯
짱오 아이들을 데리고 의기양양하게 돌아갔다.

출처: 《악플전쟁》, 이규희, 별숲

**비슷한
어휘**

득의양양: 뜻한 바를 이루어 우쭐거리며 뽐냄.
기고만장: 일이 뜻대로 잘될 때, 우쭐하여 뽐내는 기세가 대단함.

**반대말
어휘**

의기소침: 기운이 없어지고 풀이 죽음.

7일

고스란히

건드리지 아니하여 조금도 축이 나거나 변하지 아니하고
그대로 온전한 상태로

바닷가에 놀러 가 모래성을 쌓다가 점심을 먹고 돌아왔는데
내가 쌓은 모래성이 고스란히 남아 있다면 얼마나 반가울까요?
예쁘게 사진을 찍어 고이고이 간직해보세요.

예문

현규는 마치 보물을 발견한 것처럼 냅다 기어가 혀로 날름 집어삼켰다.
달콤한 과자의 맛이 입 안에 고스란히 전해졌다.

출처: 《순한 맛, 매운 맛 매생이 클럽 아이들》, 이은경, 한국경제신문사

**비슷한
어휘**

오롯이: 모자람이 없이 온전하게.
온전히: 본바탕 그대로 고스란히.
고이: 온전하게 고스란히.

26일

영문

일이 돌아가는 형편이나 그 까닭

학교생활을 하다 보면 어찌된 영문인지
담임 선생님께서 오시지 않은 날이 있어요.
그런 날이면 대신 들어오신 다른 선생님께 영문을 여쭤보곤 하지요.

예문

"사냥철이 됐어. 드디어 우리가 기다리는 게 온다!"
족제비가 쏜살같이 달려갔다. 잎싹은 영문을 모른 채 두리번거렸다.

출처: 《마당을 나온 암탉》, 황선미, 사계절

비슷한 어휘

사정: 일의 형편이나 까닭.
형편: 일이 되어가는 상태나 경로 또는 결과.

어휘 활용

'영문'이라는 말은 주로 의문이나 부정을 나타내는 말과 함께 쓰입니다. '영문도 모르다, 영문을 알 수 없다, 영문이 궁금하다'와 같은 표현이 주로 쓰여요.

6일

질겁하다

뜻밖의 일에 자지러질 정도로 깜짝 놀라다

'귀신의 집'에 들어가 본 적 있나요?
입구부터 으스스한 기운이 느껴지는데요. 점점 안으로 들어가면
질겁하고 도망가고 싶게 만드는 끔찍한 모습의 귀신들이
곳곳에서 튀어나와 심장이 터질 것 같아요.

예문

삐삐는 앞뒤로 그네를 타다가 점점 더 빨리 그네를 타더니,
공중에서 훌쩍 뛰어내려 단장의 어깨 위에 딱 버티고 섰다.
단장은 질겁하며 도망치기 시작했다.

출처: 《내 이름은 삐삐 롱스타킹》, 아스트리드 린드그렌, 시공주니어

비슷한 어휘

놀라다: 뜻밖의 일이나 무서움에 가슴이 두근거리다.
자지러지다: 몹시 놀라 몸이 주춤하면서 움츠러들다.

헷갈리는 표현

즐겁하다: '질겁하다'의 잘못된 표현.

5월

27일

천연덕스럽다

시치미를 뚝 떼어 겉으로는 아무렇지 않은 체하는 태도가 있다

매우 천연덕스럽게 거짓말하는 친구를 본 적 있나요?
어쩜 저렇게 감쪽같을까 놀랍죠.
하지만 동시에 그 친구가 하는 말을 앞으로는 다 믿을 수 없을 것 같다는
씁쓸한 마음도 든답니다.

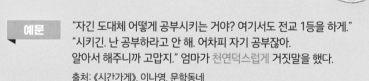

예문

"자긴 도대체 어떻게 공부시키는 거야? 여기서도 전교 1등을 하게."
"시키긴. 난 공부하라고 안 해. 어차피 자기 공부잖아.
알아서 해주니까 고맙지." 엄마가 천연덕스럽게 거짓말을 했다.

출처: 《시간가게》, 이나영, 문학동네

비슷한 어휘

능청스럽다: 속으로는 엉큼한 마음을 숨기고 겉으로는 천연스럽게 행동하는 데가 있다.

헷갈리는 표현

천연스럽다: '천연덕스럽다'와 같은 뜻으로 쓰이며, '천연덕스럽다'와 '천연스럽다'가 모두 널리 쓰이므로 둘 다 표준어로 삼습니다.

5일

포부

마음속에 지니고 있는, 미래에 대한 계획이나 희망

우리 친구들의 야심찬 포부가 무엇인지 궁금해요.
어떤 포부를 가지고 어떤 목표를 향해 달려가고 있나요?
아직 없다 해도 걱정하지 마세요.
포부와 꿈은 여러 경험과 독서가 쌓이면서 자연스레 내 안에 자리 잡게 되는 거거든요.

예문

그는 나에게 자신의 포부를 밝혔다. "제 나이가 31세입니다. 앞으로 31년을
더 산다 해도 늙은 생활에 무슨 재미가 있겠습니까? 인생의 목적이 쾌락이라면
31년 동안 대강 맛보았습니다. 그러니 이제는 영원한 즐거움을 얻기 위해
독립 운동에 몸을 던지고자 상해에 왔습니다."

출처: 《쉽게 읽는 백범일지》, 김구, 돌베개

**비슷한
어휘**

계획: 앞으로 할 일의 절차, 방법, 규모 따위를 미리 헤아려 작정함. 또는 그 내용.
꿈: 실현하고 싶은 희망이나 이상.

**어휘
활용**

'포부'는 '~갖다, ~지니다, ~ 밝히다' 등의 표현과 함께 주로 활용됩니다. 또한 '포부'
는 '많다'라는 표현과 활용되기보다는 '높은 포부, 포부가 크다'로 표현되는 경우가
많습니다.

28일

물끄러미

우두커니 한 곳만 바라보는 모양

우리 친구들이 거실에서 책을 읽거나, 책상에서 공부하거나,
놀이터에서 뛰어놀고 있을 때
부모님께서 물끄러미 바라보며 미소 짓고 계실 때가 있죠?
정말 기특하고 눈에 넣어도 아프지 않을 것 같이 사랑해서 그러시는 거랍니다.

예문

"저를 들여보내 주세요." 그랬더니 괴물이
"여긴 아무나 들어갈 수 있는 곳이 아니야."
그러면서 아이의 다리를 물끄러미 보는 거야.

출처: 《와우의 첫 책》, 주미경, 문학동네

**비슷한
어휘**

멀거니: 정신없이 물끄러미 보고 있는 모양.
말끄러미: 눈을 똑바로 뜨고 오도카니 한곳만 바라보는 모양.

**헷갈리는
표현**

멀끄러미, 멀끄르미: '물끄러미'의 잘못된 표현으로 '물끄러미'가 표준어입니다.

4일

터득하다

깊이 생각하여 이치를 깨달아 알아내다

오늘 하루를 보내면서 공부하다가, 운동하다가
새롭게 터득한 것이 있다면 꼭 다시 한 번 연습해보세요.
터득한 것을 부단한 연습을 통해 내 것으로 만들어버리면 더욱 좋아요.

예문

그날 그는 다른 갈매기들과 잡담하는 데 시간을 낭비하지 않고
해가 저문 뒤에도 계속해서 나는 연습을 했다.
그는 공중회전, 저속 회전, 바람개비 돌기, 몸을 뒤집으며 회전하기,
순간 방향 바꾸기, 회전하며 낙하하기 등을 터득했다.

출처: 《갈매기의 꿈》, 리처드 바크, 나무옆의자

**비슷한
어휘**

깨닫다: 감각 따위를 느끼거나 알게 되다.
알아내다: 방법이나 수단을 써서 모르던 것을 알 수 있게 되다.

**뜻풀이 속
어휘**

이치: 사물의 정당하고 당연한 조리. 또는 도리에 맞는 취지.

29일

불신하다

믿지 아니하다. 또는 믿지 못하다

거짓말을 계속한다는 것은 나를 아는 사람들에게
나를 불신해도 된다는 일종의 허가를 내리는 것과 같아요.
내가 한 말을 아무도 믿지 않고, 내가 한 행동이 가식일 거라
지레짐작하게 하는 끔찍한 상황은 만들지 말자고요.

예문

삶의 가능성은 언제나 존재합니다. 우리의 삶은 어떤 계기로든 변할 수 있어요.
삶의 모든 것이 이미 결정 나버린 것 같은 생각이 들어도
가능성을 불신하지 말라고. 그러니 우리 쫄지 맙시다.

출처: 《역사의 쓸모》, 최태성, 다산북스

비슷한 어휘

의심하다: 확실히 알 수 없어서 믿지 못하다.
불신임하다: 남을 믿지 못하여, 일을 맡기지 아니하다.

반대말 어휘

신뢰하다: 굳게 믿고 의지하다.
신의하다: 믿고 의지하다.

3일

터무니없다

허황하여 전혀 근거가 없다

여행을 가서 숙소를 구하다가 터무니없이 비싼 가격에 놀랄 때가 있어요.
주로 유명관광지 주변이나 성수기 때 이런 터무니없는 가격을 볼 수 있어요.
이런 경우를 '바가지요금'이라고 해요.

예문

"말도 안 되는 소리 하지 마라. 터무니없는 소리를 하는구나.
우리는 지금 첨단 과학 시대에 살고 있어. 렝켄, 네가 무슨 짓을 해서
우리가 이렇게 된 거라면 어서 우리를 원래대로 되돌려놓아라."

출처: 《마법의 설탕 두 조각》, 미하엘 엔데, 소년한길

비슷한 어휘

어처구니없다, 어이없다: 일이 너무 뜻밖이어서 기가 막히는 듯하다.
엉뚱하다: 상식적으로 생각하는 것과 전혀 다르다.

어휘 속 어휘

터무니: 정당한 근거나 이유.

30일

난데없다

갑자기 불쑥 나타나 어디서 왔는지 알 수 없다

부모님께서 난데없이 통닭을 사 들고 들어오시면
이루 말할 수 없이 반갑지요. 깜짝 선물이라니!
그렇다면 오늘 나는 부모님, 선생님, 친구들에게
어떤 깜짝 선물을 준비해볼까요?

예문

"도형아! 얼른 가아! 뭐 하노, 얼른 안 가고!"
난데없이 뒤쪽에서 누가 소리쳤다.

출처: 《수일이와 수일이》, 김우경, 우리교육

비슷한 어휘

느닷없다: 나타나는 모양이 아주 뜻밖이고 갑작스럽다.
뜬금없다: 갑작스럽고도 엉뚱하다.

2일

단숨에

쉬지 아니하고 곧장

너무너무 더운 날에는 얼음물을 단숨에 들이켤 수 있어요.
그렇게 차가운 얼음물을 단숨에 들이켜면
온몸이 시원해지면서 더위가 싹 달아나지요.

예문

"마셔요. 그럼 당신의 마음에 용기가 생길 거요."
말이 끝나기 무섭게 사자는 접시에 담긴 액체를 단숨에 마셨다.

출처: 《오즈의 마법사》, L. 프랭크 바움, 미래엔아이세움

**비슷한
어휘**

대번에: 서슴지 않고 단숨에. 또는 그 자리에서 당장.
곧: 때를 넘기지 아니하고 지체 없이.

**헷갈리는
표현**

단바람에, 대숨에: '단숨에'의 잘못된 표현.

31일

과소평가

사실보다 작거나 약하게 평가함

우리 친구들은 자신이 가진 능력을 과소평가하기도 해요.
충분히 해낼 수 있는 일인데, 안 될 것 같다고 지레 겁을 먹어요.
과소평가도, 과대평가도 나 자신의 발전을 위해서는 좋지 않아요.

예문

"아냐. 당신이야말로 인간의 뇌가 가진 능력을 과소평가하고 있어."
출처: 《나무》, 베르나르 베르베르, 이세욱 역, 열린책들

뜻풀이 속 어휘

과소: 정도가 지나치게 적음.
평가: 사물의 가치나 수준 따위를 평함. 또는 그 가치나 수준.

반대말 어휘

과대평가: 실제보다 지나치게 높이 평가함. 또는 그런 평가.

1일

움키다

손가락을 우그리어 물건 따위를 놓치지 않도록 힘 있게 잡다

친구의 손을 꽉 움킨 채로 달려본 적이 있나요? 어떤 기분이 들던가요?
그저 손을 잡았을 뿐인데 친구의 심장박동이 느껴지고,
친구와 더 가까워진 것 같고,
아주 먼 곳까지도 함께 갈 수 있을 것 같았다고요?

예문

소녀는 소년이 개울둑에 앉아 있는 걸 아는지 모르는지
그냥 날쌔게 물만 움켜낸다. 그러나 번번이 허탕이다.
그래도 재미있는 양, 자꾸 물만 움킨다.

출처: 《소나기》, 황순원, 삼성출판사

비슷한 어휘

움켜쥐다: 손가락을 우그리어 손안에 꽉 잡고 놓지 아니하다.
움켜잡다: 손가락을 오그리어 힘 있게 잡다.

반대말 어휘

놓치다: 잡거나 쥐고 있던 것을 떨어뜨리거나 빠뜨리다.

6월

8월

6월

1일

일단락

일의 한 단계를 끝냄

쉬는 시간에 친구들끼리 우당탕탕 몸싸움을 벌일 때가 있죠?
반장이 말려도 되지 않을 때는 결국 담임 선생님께서 호령해야 싸움이 일단락되죠.
친구들끼리 다툴 수도 있지만 몸싸움은 절대 안 돼요.

예문

그래서 웜우드 씨는 탁발승처럼 머리 둘레에 빙 둘러
흰 원을 만들고 나서야 모자와의 씨름을 일단락 지었다.
출처: 《마틸다》, 로알드 달, 시공주니어

비슷한 어휘

단락: 일이 어느 정도 다 된 끝.

어휘 활용

일단락되다: 일의 한 단계가 끝나다.
일단락하다, 일단락 짓다: 일의 한 단계를 끝내다.

31일

내두르다

이리저리 휘휘 흔들다

해마다 세계 육상 대회에는 온 세상 사람들이 혀를 내두를 만큼
빠른 속도로 달리는 선수가 샛별처럼 등장해 모두를 놀라게 하죠.
우리 친구들은 어떤 멋진 재주로 세상 사람들이 혀를 내두르게 만들어볼까요?

예문

거짓말인 게 뻔한 그의 말에 고개를 설레설레 내둘렀다.
조립을 하는 손놀림이 어찌나 빠른지 혀를 내두를 정도였다.

비슷한 어휘

휘두르다: 이리저리 마구 내두르다.

관용구 알기

혀를 내두르다: 몹시 놀라거나 어이없어서 말을 못 하다.

6월

2일

앙증맞다

작으면서도 갖출 것은 다 갖추어 아주 깜찍하다

강아지나 고양이를 키우는 친구들 있죠?
현관에 들어서면 제일 먼저 달려 나와 반기는 작은 동물을 보면
꽉 끌어 안아주고 싶은 마음이 들죠.
부모님 눈에는 우리 친구들이 그렇게 앙증맞아 보이겠죠?

예문

어려서부터 혹시 누가 나한테 예쁘다든가
앙증맞다는 소리를 하면 내 머리를 가지고 그러는구나,
알아차릴 만큼 내가 가진 거 중에서
가장 자신 있는 거기도 했다.

출처:《그 많던 싱아는 누가 다 먹었을까》, 박완서, 웅진지식하우스

비슷한 어휘

깜찍하다: 매우 작고 귀엽다.
귀엽다: 예쁘고 곱거나 또는 애교가 있어서 사랑스럽다.

30일

어리숙하다

겉모습이나 언행이 치밀하지 못하여
순진하고 어리석은 데가 있다

언뜻 어리숙해 보이는 사람이라고 해서
그 마음과 생각이 얕을 거라 단정하는 것은 위험해요.
겉모습만 보고 판단하지 말고
그 사람의 진정한 내면을 알아가기 위한 노력을 해주세요.

예문

"행운을 주는 일을 하면서 왜 숨어서 해? 당당하게 하지 못하고?
내가 뭐 한두 번 속아본 줄 알아? 죽기 전에도 사기를 당했었는데
죽어서까지 그런 일을 당할 만큼 내가 어리숙해 보여?"

출처: 《구미호 식당(청소년판)》, 박현숙, 특별한서재

**비슷한
어휘**

순진하다: 세상 물정에 어두워 어수룩하다.
만만하다: 부담스럽거나 무서울 것이 없어 쉽게 다루거나 대할 만하다.

**반대말
어휘**

부러지다: 말이나 행동 따위를 확실하고 단호하게 하다.
빈틈없다: 허술하거나 부족한 점이 없다.

3일

방황하다

이리저리 헤매어 돌아다니다
분명한 방향이나 목표를 정하지 못하고 갈팡질팡하다

오늘은 내 방을 잠시 둘러볼까요?
자리를 잃고 방황하는 연필, 공책, 책, 옷, 가방이
방황을 마치고 제자리를 찾아갈 수 있도록 도와주는 하루가 되길 바라요!

예문

당신을 따라다니다 이 겨울 이렇게 방황하고 있다고,
당신도 나 같은 이유로 방황하고 있냐고,
대체 당신의 정체는 무엇이냐고 묻고 싶었다.

출처: 《불편한 편의점》, 김호연, 나무옆의자

비슷한 어휘

헤매다: 갈 바를 몰라 이리저리 돌아다니다.
갈팡질팡하다: 갈피를 잡지 못하고 이리저리 헤매다.

반대말 어휘

정착하다: 일정한 곳에 자리를 잡아 붙박이로 있거나 머물러 살다.
뿌리박다: 어떤 것을 토대로 하여 깊이 자리를 잡다.

7월

29일

취약하다

무르고 약하다

사람마다 강점이 있고 약점이 있어요. 모든 것에 강한 사람도 없지만
모든 면에서 취약한 사람도 없지요.
우리 친구들은 어떤 면에 강하고, 또 어떤 면에 취약한 편인가요?
꿈을 향한 첫걸음은 나 자신에 관한 이해에서부터 출발합니다.

예문

미치겠다. 어벤져스! 저 좀 도와주세요!
아, 나는 왜 이렇게 스트레스에 취약한 몸으로 태어난 걸까?

출처: 《체리새우:비밀글입니다》, 황영미, 문학동네

**비슷한
어휘**

유약하다: 부드럽고 약하다.
약하다: 튼튼하지 못하다.

**반대말
어휘**

강하다: 무엇에 견디는 힘이 크거나 어떤 것에 대처하는 능력이 뛰어나다.
강인하다: 억세고 질기다.

6월

4일

마련하다

헤아려 갖추다

부모님은 언제나 우리 친구들의 먹을 것, 입을 것, 배울 것을
마련하시기 위해 많은 노력을 하고 계세요.
알면서도, 고맙다고 생각하면서도 잘 표현하지 못했을 거예요.
오늘은 이런 인사를 해볼까요? "저를 위해 좋은 것들을 마련해주셔서 감사합니다!"

예문

나는 조금 마음이 놓였다. 그것이 없어지면 동생 루이스를 위해
새로운 놀거리를 마련해야 하기 때문이다.
출처: 《나의 라임 오렌지나무》, J.M. 바스콘셀로스

**비슷한
어휘**

장만하다: 필요한 것을 사거나 만들거나 하여 갖추다.
갖추다: 있어야 할 것을 가지거나 차리다.

**속담
알기**

도깨비 땅 마련하듯: 무엇을 하기는 하나 결국 아무 실속 없이 헛된 일만 하는 모양
을 비유적으로 이르는 말.
씨를 뿌리면 거두게 마련이다: 일한 보람이나 결과는 꼭 나타나게 된다는 말.

28일

의지하다

다른 것에 마음을 기대어 도움을 받다

지금은 우리 친구들이 부모님을 의지하고 살아가지만,
부모님께서 나이 들면 그때는 부모님이 여러분을 의지하며 살아갈 거예요.
지금 받은 부모님의 사랑과 은혜를 잊지 않는 우리 친구들이 되었으면 좋겠어요.

예문

항상 의지가 되는 사람.
그는 종교에 의지하며 살았다.

비슷한 어휘

빌리다: 남의 도움을 받거나 사람이나 물건 따위를 믿고 기대다.
믿다: 어떤 사람이나 대상에 의지하며 그것이 기대를 저버리지 않을 것이라고 여기다.

반대말 어휘

독립하다: 다른 것에 예속하거나 의존하지 아니하는 상태로 되다.

6월

교과서
수록 도서!

5일

원예

채소, 과일, 화초 따위를 심어서 가꾸는 일이나 기술

원예는 우리 친구들과는 언뜻 멀게 느껴지지만,
실은 우리 친구들이 매일 먹는 과일, 채소 등이 모두 원예를 통해 생산된 작물이랍니다.
원예가 없다면 이런 맛있는 음식과 예쁜 화초를 만날 수 없었을 거예요.

예문

전 원예는 꽤 알지만, 빵은 전혀 만들 줄 모릅니다.
출처: 《리디아의 정원》, 사라 스튜어트, 시공주니어

**어휘
활용**

원예 농업: 채소, 과일, 화초 따위를 집약적으로 재배하는 농업.
원예 작물: 재배하거나 정원을 가꾸기 위해 키우는 식물. 채소, 과일, 화초 따위가
있다.

7월

27일

어설프다

하는 일이 몸에 익지 아니하여서
익숙하지 못하고 엉성하고 거친 데가 있다

우리 친구들이 지금 하는 모든 경험은 그 결과물이 결코 완벽하지 않아요.
어른들이 보기엔 심히 어설프기까지 하고요.
하지만 이런 경험들이 결국 여러분의 성장에 단단한 밑거름이 되어준답니다.

예문

다인도 저녁 식사 준비를 돕겠다고 나섰다. 그들은 계란말이에 들어갈
당근을 채썰고, 뭇국에 들어갈 무도 깍둑썰기를 했다.
칼질하는 것이 소꿉놀이하는 아이들처럼 어설펐다.

출처: 《책들의 부엌》, 김지혜, 팩토리나인

**비슷한
어휘**

서투르다: 일 따위에 익숙하지 못하여 다루기에 설다.
미숙하다: 일 따위에 익숙하지 못하여 서투르다.

**반대말
어휘**

익다: 자주 경험하여 조금도 서투르지 않다.
익숙하다: 어떤 일을 여러 번 하여 서투르지 않은 상태에 있다.

6일

감행하다

과감하게 실행하다

한 번도 해보지 못한 일을 감행해보고 싶을 때가 있죠?
예를 들면 어려운 수학 문제에 도전하거나 아주 무서운 놀이기구를 타보는 거 말이죠.
신기하게도 생각만으로는 두려워 보였던 일들이
막상 감행해보면 별것 아니라는 걸 알게 될 거예요.

예문

만일 이 같은 속도에서 날개가 펼쳐진다면 자신의 몸뚱이가
수천 개의 파편으로 산산조각 날 것이라는 것을 알면서도
그는 낙하를 감행했다.

출처: 《갈매기의 꿈》, 리처드 바크, 나무옆의자

비슷한 어휘

단행하다: 결단하여 실행하다.
결행하다: 어떤 일이 있더라도 변함이 없을 듯한 기세로 결단하여 실행하다.

반대말 어휘

중단하다: 중도에 끊다.
그만두다: 하던 일을 그치고 안 하다.

26일

참말

사실과 조금도 틀림이 없는 말

거짓말도 습관이 된다는 사실 알고 있나요?
'에이, 겨우 한 번인 걸요?'라고 생각하겠지만 결코 그렇지 않아요.
처음의 거짓말은 아주 사소해서 누구도 눈치 채기 어려웠겠지만,
그 작았던 거짓말이 눈덩이처럼 불어나기 시작한다는 사실을 기억하세요.

예문

참말인지 거짓말인지 모르겠다.
살아가면서 참말만 하기는 어렵다.

비슷한 어휘

진실: 거짓이 없는 사실.
진짜: 본뜨거나 거짓으로 만들어낸 것이 아닌 참된 것.

반대말 어휘

거짓말: 사실이 아닌 것을 사실인 것처럼 꾸며대어 말을 함. 또는 그런 말.

7일

호령하다

부하나 동물 따위를 지휘하여 명령하다

우리 친구들은 커서 어떤 사람이 되고 싶어요?
온 나라를 호령하는 존재가 되고 싶은 친구도 있고,
누군가의 호령에 잘 따라주고 싶은 친구도 있고, 그 모든 것과 상관없이
자유롭게 살고 싶은 친구도 있을 거예요. 우리는 모두 이렇게 다양해요.

예문

천하를 호령하다.
이순신 장군이 호령하는 소리에 여기저기서 화포가 터졌다.

비슷한 어휘

명령하다: 윗사람이나 상위 조직이 아랫사람이나 하위 조직에 무엇을 하게 하다.
지휘하다: 목적을 효과적으로 이루기 위하여 단체의 행동을 통솔하다.

반대말 어휘

따르다: 다른 사람이나 동물의 뒤에서, 그가 가는 대로 같이 가다.

7월

교과서
수록 도서!

25일

애매하다

희미하여 분명하지 아니하다

세상을 살아가다 보면 뭐라 콕 집어 설명하기 어려운
애매한 상황을 만날 때가 있어요.
이런 애매한 순간에 어떻게 판단하고 결정하느냐가
그 사람의 인품과 명석함을 대변해준답니다.

예문

"그래, 난 태어날 때부터 앞을 보지 못했지. 그 대신 어릴 적부터 다른
감각들이 아주 발달되어 있단다. 촉각, 후각, 미각, 청각 이런 것들 말이야.
아까 네가 현관문을 열 때 너희 집 냄새와 네 바지가 구겨지는 소리,
그 밖에 설명하기 애매한 것들로 너란 걸 알았어."
출처:《진짜 투명인간》, 레미 크루종, 씨드북

**비슷한
어휘**

불명확하다: 명백하고 확실하지 아니하다.
모호하다: 말이나 태도가 흐리터분하여 분명하지 않다.

**반대말
어휘**

확실하다: 틀림없이 그러하다.
분명하다: 모습이나 소리 따위가 흐릿함이 없이 똑똑하고 뚜렷하다.

8일

눙치다

어떤 행동이나 말 따위를 문제 삼지 않고 넘기다

모든 일에 정확하고 분명하게 행동하는 것도 좋은 자세지만,
때로는 적당히 눙치고 넘기는 날도 있었으면 좋겠어요.
우리는 모든 일에 완벽할 수 없기 때문에 서로의 부족함, 실수, 잘못을
적당히 눈감아주고 이해해주는 너그러움이 필요해요.

예문

민재 삼촌은 상대를 눙치는 솜씨가 대단했다.
그는 지금까지 한 말을 그냥 없었던 것으로 눙치려고 했다.

비슷한 어휘

'눙치다'는 '마음 따위를 풀어 누그러지게 하다'라는 뜻으로도 쓰여요. 비슷한 말로는 '딱딱한 성질이나 태도를 부드러워지거나 약해지게 하다'는 뜻의 '누그러뜨리다', '분위기나 기세 따위를 부드럽게 하다'는 뜻의 '눅이다'가 있습니다.

24일

으름장

말과 행동으로 위협하는 짓

내가 잘못한 것도 아닌데 괜히 내게 와서
으름장을 놓는 친구를 보면 기가 막히죠.
사람의 생각이 얼마나 다양하고, 세상에 얼마나
다양한 사람이 모여 사는지를 실감하게 되는 순간이랍니다.

예문

"책은 그렇게 이용하는 게 아닙니다!"
사서는 으름장을 놓으며 여우 아저씨에게 말했어요.
"오늘부터 당신은 출입 금지예요!"

출처: 《책 먹는 여우》, 프란치스카 비어만, 주니어김영사

비슷한 어휘

옥박: 남을 심하게 을러대고 짓눌러 기를 꺾음.
위협: 힘으로 으르고 협박함.

관용구 알기

으름장을 놓다: (어떤 사람이 다른 사람에게 어찌하라고) 위협적인 말이나 행동으로 단단히 을러메다.

9일

모순

어떤 사실의 앞뒤, 또는 두 사실이 이치상 어긋나서 서로 맞지 않음을 이르는 말

흥분해서 내 생각만 말하다 보면 나도 모르게 모순에 빠질 때가 있어요.
모순에 빠졌다는 사실을 알면서도 그걸 인정하면 지는 것 같아
끝까지 박박 우기기도 하고요.
헤헤, 괜찮아요. 그런 날도 있는 거죠, 뭐.

예문

지난번에 '모순덩어리'라는 말을 했는데,
그건 정확하게 무슨 뜻일까? 내 안에는 두 개의 안네가 있단다.
출처: 《안네의 일기》, 안네 프랑크

비슷한 어휘

불합리: 이론이나 이치에 합당하지 아니함.
비합리: 정당한 이치나 도리에 맞지 아니함.

반대말 어휘

합리: 이론이나 이치에 합당함.
정합: 이론의 내부에 모순이 없음.

23일

무관하다

관계나 상관이 없다

언뜻 나와 무관해 보이는
낯선 사물, 풍경, 사람에게 관심을 기울여보세요.
그동안 놓치고 있었던 새로운 것들이 보이기 시작할 거예요.

예문

이 일은 너와 무관하다.
나의 진로가 내 의사와는 전혀 무관하게 결정이 되었다.

비슷한 어휘

관계없다, 상관없다: 서로 아무런 관련이 없다.

반대말 어휘

유관하다: 관계나 관련이 있다.
상관있다, 관계있다: 서로 관련이 있다.

교과서
수록 도서!

10일

박히다

두들겨 치이거나 틀려서 꽂히다. '박다'의 피동사

착하게 살아야 하고, 열심히 공부해야 하고, 거짓말을 하지 말아야 하고,
고운 말을 써야 하고, 친구를 도와야 한다는 말을
귀에 못이 박히도록 들었을 거예요.
그만큼 중요하고 소중한 가치이기 때문이라는 건 우리 친구들도 잘 알고 있죠?

예문

이제껏 선생님 소문은 귀에 못이 박히도록 들었고,
작년 도서관에서 5학년 형들이 사전에 코를 박고
미친 듯이 낱말 숙제를 하는 모습도 많이 보았다.

출처: 《프린들 주세요》, 앤드루 클레먼츠, 사계절

**관용구
알기** 귀에 못이 박히다: (사람이) 같은 말을 너무나 여러 번 듣다.

**헷갈리는
표현** 박이다: '(못이 벽에) 박히다'의 의미로 '박이다'를 쓰는 경우가 있으나 '박히다'만 표
준어로 삼습니다.

22일

익숙하다

**어떤 대상을 자주 보거나 겪어서
처음 대하지 않는 느낌이 드는 상태에 있다**

살다 보면 내게 익숙한 집, 학교, 나라를 떠나
아주 멀리 낯선 곳으로 이사를 가게 되는 일도 생겨요.
익숙한 곳을 떠나는 게 쉬운 일은 아니죠.
하지만 새로운 곳에서도 잘 적응하리라 믿어요.

예문

낮은 살아 있는 것들의 세상이지만, 밤은 사물들의 세상이다.
익숙하지 않은 사람에게 밤은 조금 무섭기도 하다.
출처: 《별》, 알퐁스 도데

**비슷한
어휘**

낯익다: 여러 번 보아서 눈에 익거나 친숙하다.
친근하다: 친하여 익숙하고 허물이 없다.

**반대말
어휘**

낯설다: 전에 본 기억이 없어 익숙하지 아니하다.
생소하다: 어떤 대상이 친숙하지 못하고 낯이 설다.

6월

11일

숙지하다

익숙하게 또는 충분히 알다

제주도에서 마라도로 가는 배를 타본 적 있나요?
배를 타고 가는 동안에 안전에 관한 안내 사항을 숙지하라는 방송이 나올 거예요.
배를 탈 때는 안전이 무엇보다 중요하기 때문이지요. 숙지하세요!

예문
주의 사항을 잘 숙지하세요.
가전제품은 우선 충분히 사용 설명서를 숙지하고 나서 사용하는 것이 좋다.

비슷한 어휘
염지하다: 자세히 잘 알다.
마스터하다: 어떤 기술이나 내용을 배워서 충분히 익히다.

반대말 어휘
미숙하다: 일 따위에 익숙하지 못하여 서투르다.

7월

21일

배출

안에서 밖으로 밀어 내보냄

온몸이 땀으로 흠뻑 젖을 만큼 힘차게 운동해본 적 있죠?
그렇게 땀을 쏟고 나면 절로 상쾌한 기분이 드는 이유는
우리 몸에 쌓여 있던 노폐물이 땀을 통해 배출되기 때문이에요.
이 글을 읽으니 당장 뛰어나가 땀을 흠뻑 흘려보고 싶죠?

예문

훌륭한 기술자 배출이 우리 학교의 목표이다.
쓰레기 종량제가 실시되자 쓰레기의 배출이 크게 줄었다.

비슷한 어휘

누출: 액체나 기체 따위가 밖으로 새어 나옴. 또는 그렇게 함.
배설: 안에서 밖으로 새어 나가게 함.

반대말 어휘

섭취: 좋은 요소를 받아들임.
흡수: 빨아서 거두어들임.

12일

대뜸

이것저것 생각할 것 없이 그 자리에서 곧

친구가 대뜸 "야, 너 짜증 나!"라고 한다면 어떤 기분이 들까요?
친구가 내게 짜증을 낼 수는 있지만
그렇게 생각한 상황과 이유에 관한 설명이 없다면
너무 황당하고 분한 마음이 들 수밖에 없겠죠?

예문

그는 이야기를 듣자마자 대뜸 화부터 내는 것이었다.
아저씨는 대뜸 일어나 마을로 내리뛰기 시작했다.

비슷한 어휘

곧바로: 바로 그 즉시에.
곧: 때를 넘기지 아니하고 지체 없이.

20일

맥없다

기운이 없다

올림픽 중계를 보면 예선에서 탈락한 선수들이
맥없이 고개를 숙이고 죄송하다고 사과하는 모습을 볼 수 있어요.
잘못을 저지른 것도 아닌데 힘이 쭉 빠진 모습을 보면 안쓰러운 마음이 들어요.

예문

"냄새가……. 하도 좋아서."
가짜 수일이가 맥없이 말했다.
'히히! 냄새가 아무리 좋아도 그렇지,
누가 쥐 아니랄까 봐.'
출처: 《수일이와 수일이》, 김우경, 우리교육

비슷한 어휘

힘없다: 기운이나 의욕 따위가 없다.
나른하다: 맥이 풀리거나 고단하여 기운이 없다.

13일

배웅

떠나가는 손님을 일정한 곳까지 따라 나가서 작별하여 보내는 일

아빠께서 출근하실 때 배웅해드리고 있나요?
배웅은 매우 기본적인 예의범절이에요.
여러분의 배웅을 받은 아빠는 오늘 하루 더 힘나시겠죠?

예문

종드레트는 르블랑 씨와 그 딸을 배웅하겠다며 호들갑을 떨었다.
마리위스는 얼른 따라 나갔으나 마차는 이미 떠난 뒤였다.

출처: 《레 미제라블》, 빅토르 마리 위고, 미래엔아이세움

비슷한 어휘

전송: 서운하여 잔치를 베풀고 보낸다는 뜻으로, 예를 갖추어 떠나보냄을 이르는 말.
배행: 떠나는 사람을 일정한 곳까지 따라감.

반대말 어휘

마중: 오는 사람을 나가서 맞이함.

19일

바치다

신이나 윗어른에게 정중하게 드리다

우리 친구들도 쑥쑥 자라 어른이 되면
평생을 바쳐 사랑하고 싶은 사람을 만나 결혼하여 가정을 이루게 되겠지요?
그때를 생각하면 어떤 마음이 들어요?
몽글몽글하고 뭔가 막 간지러운 느낌이 들지 않나요?

예문   웃고 울면서 이야기를 같이 만들어준 친구들에게 이 책을 바칩니다.
출처: 《와우의 첫 책》, 주미경, 문학동네

비슷한 어휘   올리다: 서류 따위를 윗사람이나 상급 기관에 제출하다.
드리다: '주다'의 높임말.

헷갈리는 표현   '받치다'는 '물건의 밑이나 옆 따위에 다른 물체를 대다'라는 의미이고, '받히다'는 '머리나 뿔 따위에 세차게 부딪히다'라는 뜻이지요. 모두 [바치다]라고 소리 나지만 이렇게 다른 뜻을 가지고 있네요.

14일

기발하다

유달리 재치가 뛰어나다

모둠 친구들끼리 의견을 내어보면 기발한 아이디어를 자주 내는 친구가 있어요.
평소에 다양한 것에 관심을 가지고 많은 생각을 했던 결과인 듯해요.
우리 친구들도 기발한 아이디어를 쑥쑥 내어보세요.

예문

조에게 뭔가 숨기는 일이 있다는 것을 알아챈 로리는 비밀을 캐내려고
달래고 협박하면서 안간힘을 썼다. 그리하여 결국 메그와 브룩 씨에
관한 이야기라는 것을 알아내자, 짓궂게도 기발한 장난을 하기 위해 꾀를 냈다.

출처: 《작은 아씨들》, 루이자 메이 올컷, 삼성출판사

비슷한 어휘

신통하다: 신기할 정도로 묘하다.
뛰어나다: 남보다 월등히 훌륭하거나 앞서 있다.

반대말 어휘

식상하다: 일이나 사물이 되풀이되어 질리다.

18일

기묘하다

생김새 따위가 이상하고 묘하다

정신병원에서 기묘한 모습의 귀신이 출몰한다는
내용의 영화가 화제가 된 적이 있어요.
이 병원에 나타난 것은 정말 귀신일까요?
여름에는 역시 기묘한 귀신 이야기가 제일 재미있어요.

예문

이 그림의 구성은 매우 기묘하다.
바위의 생김새가 참으로 기묘하여 관광객들의 시선을 끌었다.

비슷한 어휘

기이하다: 기묘하고 이상하다.
신기하다: 믿을 수 없을 정도로 색다르고 놀랍다.

6월

교과서 수록 도서!

15일

아우성

떠들썩하게 기세를 올려 지르는 소리

점심시간이면 맛있는 반찬을 더 받겠다고 아우성치는 친구들로 떠들썩해요.
이 아이들이 주로 좋아하는 반찬은 소시지, 돈가스, 핫도그 등인데요,
몇 개 안 남은 반찬을 더 받겠다고 애쓰는 모습이 짐짓 귀엽답니다.

예문

두 동네 사이에는 툭하면 싸움이 벌어졌어.
다들 황금 사과를 갖겠다고 아우성이었지.
출처: 《황금 사과》, 송희진, 뜨인돌어린이

비슷한 어휘

함성: 여러 사람이 함께 외치거나 지르는 소리.

어휘 활용

아우성치다: 떠들썩하게 기세를 올려 소리를 지르다.

17일

은밀하다

숨어 있어서 겉으로 드러나지 아니하다

북한은 늘 은밀하게 군사적인 무언가를 준비하고 있고,
우리나라는 그에 대비해 경계를 늦추지 않아야 하는
현실을 생각하면 참으로 안타까워요.
우리나라가 어서 통일이 되었으면 좋겠어요.

예문

우리는 진정한 로봇을 원해. 한곳에 붙박인 채 똑같은 것만
지루하게 반복하는 기계 팔이나 보이지도 않는 곳에서
은밀하게 무언가를 하는 기계 장치가 아니라,
환경에 반응하며 스스로 움직이고 돌아다니는 진짜 로봇!
출처: 《미래가 온다, 로봇》, 김성화·권수진, 와이즈만books

**비슷한
어휘**

비밀하다: 밝혀지거나 알려지지 않은 실상이 있다.
은근하다: 행동 따위가 함부로 드러나지 아니하고 은밀하다.

**반대말
어휘**

공공연하다: 숨김이나 거리낌이 없이 그대로 드러나 있다.
드러내다: 가려 있거나 보이지 않던 것을 보이게 하다.

16일

둔갑

술법을 써서 자기 몸을 감추거나 다른 것으로 바꿈

내가 갑자기 도깨비로, 연예인으로, 아빠로, 엄마로 둔갑한다면
어떤 일이 생길지 상상해보세요. 상상만 해도 정말 재미있지 않나요?
우리 친구들은 또 무엇으로 둔갑해보고 싶은가요?

예문
여우가 둔갑을 써서 새색시로 변장했다.
중국산을 국내산으로 둔갑시킨 일당이 검거되었다.

비슷한 어휘
변신: 몸의 모양이나 태도 따위를 바꿈. 또는 그렇게 바꾼 몸.
둔갑술: 마음대로 자기 몸을 감추거나 다른 것으로 변하게 하는 술법.

7월

16일

돌변하다

뜻밖에 갑자기 달라지거나 달라지게 하다

가족과 동남아의 멋진 휴양지로 여행을 갔는데,
수시로 돌변하는 날씨 때문에 고생해본 적 있나요?
쨍쨍한 하늘 때문에 덥다고 생각한 순간, 갑자기 소나기가 내리고,
그러다 구름이 잔뜩 낀 흐린 날이 되기도 하죠.

예문

"그대는 계속 완고하게 버티고 있지만 그대도 인간이므로
결국에는 태도가 돌변해 생각지도 않은 자비를 베풀 것이라 여긴다."
출처: 《베니스의 상인》, 셰익스피어

**비슷한
어휘**

급변하다: 상황이나 상태가 갑자기 달라지다.
돌아서다: 생각이나 태도가 다른 쪽으로 바뀌다.

**반대말
어휘**

한결같다: 처음부터 끝까지 변함없이 꼭 같다.

17일

기색

마음의 작용으로 얼굴에 드러나는 빛

친구가 불쑥 화를 낼 때가 있어요. 아무런 기색도 없이 말이죠.
좀 당황스럽고 무안하긴 하지만 친구의 화난 기색이 가라앉고 나면 찾아가
화가 난 이유를 찬찬히 물어보세요.

예문

"어젯밤에 그런 일이 있었는데도 넌 반성하는 기색이 없니?
그 태도는 뭐야?"

출처: 《소공녀》, 프랜시스 호지슨 버넷

비슷한 어휘

빛: 표정이나 눈, 몸가짐에서 나타나는 기색이나 태도.
티: 어떤 태도나 기색.

관용구 알기

기색이 죽다: 얼굴빛이 흐려지거나 생기가 없어지다.

7월

교과서 수록 도서!

15일

언뜻

지나는 결에 잠깐 나타나는 모양

친구가 선생님께 크게 혼이 났을 때,
언뜻 아무렇지 않아 보이지만 실은 속이 많이 상했을 수 있어요.
그럴 때 조용히 다가가 위로하고 손 잡아주는 친구가 진짜 친구죠.

예문

아이는 아무도 살지 않는 으스스한 그곳으로 걸어갔어.
그런데 담 쪽으로 다가가 보니 작은 문이 언뜻 보이는 거야.
출처: 《황금 사과》, 송희진, 뜨인돌어린이

비슷한 어휘

맥연히, 얼핏: 지나는 결에 잠깐 나타나는 모양.
잠깐: 얼마 되지 않는 매우 짧은 동안.

방언 알기

언뜩: '언뜻'의 경기, 전남 지역 방언.

6월

18일

목청

후두(喉頭)의 중앙부에 있는 소리를 내는 기관

쉬는 시간마다 목청 높여 신나게 떠드는 친구들이 있죠?
그 친구들의 활기로 온 교실이 활기찬 느낌이 들어 좋을 때도 있지만
때로는 너무 시끄럽기도 해요. 뭐든 적당한 게 좋아요, 그렇죠?

예문

월급을 받는다는 말에 다들 들떴다.
시우, 하진이, 원희도 얼른 한 달이 지나서
월급을 받으면 좋겠다고 생각하며 목청을 높여 대답했다.
출처:《세금 내는 아이들》, 옥효진, 한국경제신문사

비슷한 어휘

성대, 울대: 후두(喉頭)의 중앙부에 있는 소리를 내는 기관.

관용구 알기

목청을 돋우다: 목소리를 높이다.
목청을 뽑다: 큰 목소리로 노래를 부르다.

14일

짓궂다

장난스럽게 남을 괴롭고 귀찮게 하여 달갑지 아니하다

친구의 짓궂은 장난에 울음을 터뜨려본 적 있나요?
너무 분하고 친구가 미웠을 거예요.
짓궂은 친구가 다시는 그런 심한 장난을 치지 않았으면 좋겠지만,
휴우, 친구는 언제쯤 철이 들까요?

 예문 나는 양팔을 지혜와 민지의 목에 걸치고 짓궂게 흔들었다.
"너희들 말이야, 벌써 그거 신청한 건 아니겠지?"
출처: 《나에게 없는 딱 세 가지》, 황선미, 위즈덤하우스

 비슷한 어휘 심술궂다: 남을 성가시게 하는 것을 좋아하거나 남이 잘못되는 것을 좋아하는 마음이 매우 많다.
시망스럽다: 몹시 짓궂은 데가 있다.

19일

완고하다

융통성이 없이 올곧고 고집이 세다

체육 시간에 자유 시간을 달라고 아무리 부탁해도
선생님께서 완고한 태도를 바꾸지 않으실 때가 있죠.
그럴 만한 사정이 있을 거라 생각해요. 하지만 또 어떨 때는
"오늘 체육은 자유 시간!"이라고 외쳐주시는 기쁜 날도 있잖아요.

예문

공작이 샤일록을 조용히 타일렀다.
그러나 샤일록은 아무리 좋은 말로 권해도 완고한 태도를 바꾸지 않고
증서대로 하겠다고 주장했다.

출처: 《베니스의 상인》, 셰익스피어

비슷한 어휘

고지식하다: 성질이 외곬으로 곧아 융통성이 없다.
고집스럽다: 보기에 고집을 부리는 태도가 있다.

뜻풀이 속 어휘

융통성: 그때그때의 사정과 형편을 보아 일을 처리하는 재주. 또는 일의 형편에 따라 적절하게 처리하는 재주.
올곧다: 마음이나 정신 상태 따위가 바르고 곧다.

13일

평온하다

조용하고 평안하다

잔잔한 호수처럼 평온한 하루가 되길 바랄게요.
오늘 하루 속상하고 기가 막히고 억울한 일도 있겠지만
그런 순간에도 마음을 잘 다스리면 평안할 수 있어요.

예문

들리는 소리라고는 지붕 꼭대기에서 풍향계가
앞뒤로 흔들려 나는 소리뿐이었다. 윌버는 햇살이 비쳐 들기를 기다리는
이맘때의 헛간을 아주 좋아했다. 평온하고 조용했다.

출처: 《샬롯의 거미줄》, 엘윈 브룩스 화이트, 시공주니어

비슷한 어휘

평안하다: 걱정이나 탈이 없다. 또는 무사히 잘 있다.
담담하다: 차분하고 평온하다.

반대말 어휘

불안하다: 분위기 따위가 술렁거리어 뒤숭숭하다.
뒤숭숭하다: 느낌이나 마음이 어수선하고 불안하다.

20일

시샘하다

'시새움하다'의 준말

자꾸 시샘이 나는 친구가 있나요?
부럽고 질투 나고 나도 그만큼 잘하고 싶은 마음이 들게 하는 친구 말이죠.
그런 친구가 있다는 건 어쩌면 감사한 일이에요.
시샘이 나는 만큼 노력하게 되고, 그만큼 성장하게 되기 때문이에요.

예문

"서영아, 남자아이들도 다 알 거야.
미라가 널 시샘해서 그런다는 걸. 그러니까 참아, 응?"
유정이가 등을 토닥이며 언니처럼 위로해주었다.

출처: 《악플전쟁》, 이규희, 별숲

**비슷한
어휘**

샘내다: 샘하는 마음을 먹다. 또는 샘을 부리다.
시기하다: 남이 잘되는 것을 샘하여 미워하다.
질투하다: 다른 사람이 잘되거나 좋은 처지에 있는 것 따위를 공연히 미워하고 깎
아내리려 하다.

**본말
알기**

시새움하다: 자기보다 잘되거나 나은 사람을 공연히 미워하고 싫어하다.

12일

당돌하다

꺼리거나 어려워하는 마음이 조금도 없이 올차고 다부지다

어린이가 어른에게 무언가를 요구하고 물어보면 당돌하다고 생각하는 어른들도 있어요.
그럴 때 당돌하다는 평가를 받지 않으려면 예의를 갖추는 게 중요해요.
예의를 갖춘 요구는 당돌한 게 아니라 당당한 거고,
자신감이 넘치는 것이랍니다.

예문

지켜보던 당돌한 첫째는, 기회를 놓칠 세라
자신이 미래를 가져가겠다고 말했습니다.
그리고 덧붙였습니다.
"미래를 다스리기 위해 과거에
얽매이지 않게 해주십시오."
출처: 《달러구트의 꿈 백화점》, 이미예, 팩토리나인

비슷한 어휘

되바라지다: 어린 나이에 어수룩한 데가 없고 얄밉도록 지나치게 똑똑하다.
맹랑하다: 하는 짓이 만만히 볼 수 없을 만큼 똘똘하고 깜찍하다.

21일

애처롭다

가엾고 불쌍하여 마음이 슬프다

매일 저녁 설거지 하시느라 손이 젖는 엄마를 보며
애처로운 마음에 도와드린 적 있을 거예요.
그런데 분명히 도와드리려고 시작한 일인데
왜 오히려 일을 더 만들어드린 것 같은 기분이 들죠?

 예문

파트라슈는 넬로의 마음을 이해한 듯 넬로를 따랐다.
집을 나서는 둘의 모습은 가련하고 애처로웠다.

출처: 《플랜더스의 개》, 위다, 미래엔아이세움

 비슷한 어휘

불쌍하다: 처지가 안되고 애처롭다.
안타깝다: 뜻대로 되지 아니하거나 보기에 딱하여 가슴 아프고 답답하다.
가련하다: 가엾고 불쌍하다.

11일

잔망스럽다

얄밉도록 맹랑함. 또는 그런 짓

학교에는 다양한 친구들이 있어요.
의젓한 친구, 잔망스러운 친구, 까다로운 친구.
하지만 친구는 언제나 사랑이에요, 아무리 잔망스러워도, 아무리 엄숙해도!

예문

그런데 참, 이번 계집애는 어린것이 여간 잔망스럽지 않아.
출처: 《소나기》, 황순원, 삼성출판사

**비슷한
어휘**

맹랑하다 : 하는 짓이 만만히 볼 수 없을 만큼 똑똑하고 깜찍하다.
경망스럽다 : 행동이나 말이 가볍고 조심성 없는 데가 있다.

**반대말
어휘**

엄숙하다 : 말이나 태도 따위가 위엄이 있고 정중하다.

22일

나른하다

맥이 풀리거나 고단하여 기운이 없다

나른한 오후 수업 시간, 졸음이 솔솔 밀려오지만
허벅지를 콩콩 찌르며 다시 한 번 집중해보는 각오와 다짐이 필요해요.
사실 어른들도 오후가 되면 졸음 때문에 힘든 건 마찬가지랍니다.
우리 친구들, 정말 대단해요!

예문

"난 비 오는 날이 싫어."
컴컴한 뒤쪽에서 나른한 목소리가 들렸어요.
족제비가 긴 꼬리로 몸을 감고 엎드려 있었습니다.

출처:《와우의 첫 책》, 주미경, 문학동네

비슷한 어휘

피곤하다: 몸이나 마음이 지치어 고달프다.
고단하다: 몸이 지쳐서 느른하다.

반대말 어휘

기운차다: 힘이 가득하고 넘치는 듯하다.
힘차다: 힘이 있고 씩씩하다.

10일

말꼬리

한마디 말이나 한 차례 말의 맨 끝

수업 시간에 발표할 때는 말꼬리를 흐리지 말고
마지막까지 또렷하고 분명하게 내 의견을 말하려는 노력이 필요해요.
아무리 좋은 의견이라도 말꼬리가 흐려지면 확신이 부족해 보이거든요.

예문

아빠는 말꼬리를 흐리더니 턱을 슥슥 문지르며 골똘히 생각에 잠긴 듯
교장 선생님 옆쪽에 있는 창문만 뚫어지게 바라보았다.

출처: 《프린들 주세요》, 앤드루 클레먼츠, 사계절

비슷한 어휘

말끝, 말끄트머리: 한마디 말이나 한 차례 말의 맨 끝.
말꽁무니: '말꼬리'를 속되게 이르는 말.

관용구 알기

말꼬리를 물고 늘어지다: 남의 말 가운데서 꼬투리를 잡아 꼬치꼬치 따지고 들다.
말꼬리를 물다: 남의 말이 끝나자마자 이어 말하다.
말꼬리를 잡다: (어떤 사람이 다른 사람의) 말 속에 있는 생각이나 의도를 충분히
고려하지 않고 잘못 표현된 부분의 약점을 잡다.

23일

오만하다

태도나 행동이 건방지거나 거만하다

실력이 있지만 겸손한 태도를 가진 친구와, 실력은 알쏭달쏭한데
오만한 태도를 보이는 친구가 있다면 우리는 어떤 친구에게 더 호감을 갖게 될까요?
사람이 살아가는 데 있어 태도는 정말 중요한 가치예요.
나는 어떤 태도를 가진 사람인가요?

예문

언제나 화려하게 차려입은 아가씨가 약간은 오만하게 재빨리 방을 가로질러
가는 경우가 있었지만, 하인들에게 말을 거는 일은 좀처럼 없었다.
그런데 아가씨를 이렇게 코앞에서 보게 되다니!

출처: 《별》, 알퐁스 도데

비슷한 어휘

도도하다: 잘난 체하여 주제넘게 거만하다.
거만하다: 잘난 체하며 남을 업신여기는 데가 있다.

반대말 어휘

겸손하다: 남을 존중하고 자기를 내세우지 않는 태도가 있다.

7월

9일

주도면밀하다

주의가 두루 미쳐 자세하고 빈틈이 없다

친구들과 첫 파자마파티를 준비하고 있다면 그 준비는 주도면밀해야겠죠?
마치 작전을 짜는 것처럼 말이죠.
몇 시에 어디에서 모일지, 모여서 무엇을 할지,
무엇을 먹을지 등등 말이에요.

예문

그렇게 계획대로 둘이 역에서 만났다면 즉시 기차를 타고
사랑의 도피행에 성공했을 게야. 제법 주도면밀한 작전이었어.

출처: 《나미야 잡화점의 기적》, 히가시노 게이고, 현대문학

비슷한 어휘

빈틈없다: 허술하거나 부족한 점이 없다.
물샐틈없다: 물을 부어도 샐 틈이 없다는 뜻으로, 조금도 빈틈이 없음을 비유적으로 이르는 말.

북한어 알기

주도세밀하다: '주도면밀하다'의 북한어.

24일

툽툽하다

국물이 묽지 아니하고 매우 바특하다

학교 급식 시간에는 정말 다양한 반찬들이 매일 다르게 나오지요.
맑은 된장국도 있지만 들깨가 들어간 툽툽한 미역국도 있고,
쫄깃한 오징어무침이 나오는 날도 있지만 바삭한 김이 나오는 날도 있어요.
우리 친구들은 어떤 반찬을 가장 좋아하나요?

예문
한참 걷다 보니 샛강과 만나는 커다란 수챗구멍 위에 와 있었다.
수챗구멍에서 **툽툽한** 구정물이 쉴 새 없이 쏟아져 나와서 강물에 보태졌다.

출처: 《수일이와 수일이》, 김우경, 우리교육

비슷한 어휘
걸쭉하다: 액체가 묽지 않고 꽤 걸다.

뜻풀이 속 어휘
바특하다: 국물이 조금 적어 묽지 아니하다.

7월

8일

영락없다

조금도 틀리지 아니하고 꼭 들어맞다

저기 저 앞에 가는 사람이 영락없이 내 친구인 줄 알고
'야!' 하고 책가방을 잡았는데, 전혀 모르는 사람이 뒤를 돌아봐 놀란 적 있죠?
아이고, 민망해라!

예문

시험을 치기만 하면 합격은 영락없다.
그 목소리는 영락없는 그 여자의 목소리다.

비슷한 어휘

틀림없다: 조금도 어긋나는 일이 없다.
확실하다: 틀림없이 그러하다.

헷갈리는 표현

영낙없다: '영낙없다'로 혼동하여 사용하는 경우가 많으나 '영락없다'가 바른 표현입니다.

6월

교과서
수록 도서!

25일

아등바등

무엇을 이루려고 애를 쓰거나 우겨대는 모양

한국 전쟁이 끝나고 폐허가 된 땅에서 우리 조상들은 힘들게 농사를 짓고
돈을 벌며 아등바등 가족의 생계를 꾸려야 했대요.
그때 그분들의 노력이 있어 지금의 우리가 이만큼 안전하고
평화롭게 생활할 수 있다는 점을 기억해야 해요.

예문

짐을 마차에 싣고 등에 잔뜩 지고 가는 사람들을 보면 몹시 안쓰러워요.
너무 많은 것을 가져가려고 아등바등하니까요.

출처: 《밤의 일기》, 비에라 히라난다니, 다산기획

**비슷한
어휘**

애면글면: 몹시 힘에 겨운 일을 이루려고 갖은 애를 쓰는 모양.
아득바득: 몹시 고집을 부리거나 애를 쓰는 모양.

**헷갈리는
표현**

아등바등: '아등바등'을 '아둥바둥'으로 사용하는 경우가 있어요. 하지만 '아등바등'
만이 표준어입니다.

7일

순결하다

잡된 것이 섞이지 아니하고 깨끗하다

끝없이 펼쳐진 파란 바다를 바라보고 있으면
고요하고 잔잔한 바다처럼 내 마음도 순결하고 평안해지는 것 같아요.
그래서 사람들이 바다를 좋아하나 봐요. 다가오는 주말,
방학에는 사랑하는 가족과 함께 바다 여행 어떨까요?

예문

그의 날개 양쪽에 나타난 두 마리의 갈매기는 별빛처럼 순결했으며,
그들에게서 흘러나오는 광채는 드높은 밤하늘에서
부드럽고 친근하게 다가왔다.

출처: 《갈매기의 꿈》, 리처드 바크, 나무옆의자

비슷한 어휘

청결하다: 맑고 깨끗하다.
순수하다: 전혀 다른 것의 섞임이 없다.

반대말 어휘

더럽다: 때나 찌꺼기 따위가 있어 지저분하다.
불결하다: 어떤 사물이나 장소가 깨끗하지 아니하고 더럽다. 어떤 생각이나 행위가
도덕적으로 떳떳하지 못하다.

6월

26일

주춤하다

망설이거나 가볍게 놀라서 갑자기 멈칫하거나 몸이 움츠러들다 또는 몸을 움츠리다

하늘이 뚫린 것처럼 한껏 퍼붓던 소나기가 주춤해지면
더위는 가시고 하늘 저편에는 예쁜 무지개가 떠오르지요.
힘든 일이 있나요? 속상한 일이 있나요?
그 일들이 주춤해지고 나면 편안하게 웃을 수 있는 시간이 반드시 찾아올 거예요.

예문

그는 나를 보자 주춤하고 걸음을 멈추었다.
이번 주 들어 오르던 주가가 다시 주춤한 상태를 보였다.

비슷한 어휘

멈칫하다: 하던 일이나 동작을 갑자기 멈추다. 또는 멈추게 하다.
무춤하다: 놀라거나 어색한 느낌이 들어 갑자기 하던 짓을 멈추다.

북한어 알기

쭝하다: '마음이 긴장되거나 놀라서 주춤하다'라는 북한말입니다.

6일

서리다

어떤 기운이 어리어 나타나다

시험을 보는 날 아침에는 교실의 친구들 얼굴에 긴장감이 서려 있어요.
열심히 준비한 만큼 각오를 다지는
다부진 표정의 친구들이 대단해 보여요.

예문

조상들의 숨결이 서려 있는 문화재.
인사도 못하고 헤어져서 가슴에 한이 서렸다.

**비슷한
어휘**

맺히다: 마음속에 잊히지 않는 응어리가 되어 남아 있다.

**같은 말
다른 뜻**

'서리다'는 '수증기가 찬 기운을 받아 물방울을 지어 엉기다', '어떤 생각이 마음속
깊이 자리 잡아 간직되다' 등의 뜻도 가지고 있어요.

27일

노릇

맡은 바 구실

운동장에서 체육 수업을 하기로 한 날인데
아침부터 흐리더니 결국 비가 오네요.
어쩔 수 없는 노릇이지만 안타까움을 금할 수 없네요.

예문

빛나리 씨도 뛸 듯이 기뻐했어요. 차를 날라다 주며 여우 아저씨가 쓴 글을
살짝 엿보았는데 아주 재밌었거든요. 어떤 이야기일까 궁금해서 견딜 수가 없었죠.
빛나리 씨는 연필도 뾰족하게 깎아주는 훌륭한 조수 노릇을 했어요.

출처: 《책 먹는 여우》, 프란치스카 비어만, 주니어김영사

비슷한 어휘

역할: 자기가 마땅히 하여야 할 맡은 바 직책이나 임무.
구실: 자기가 마땅히 해야 할 맡은 바 책임.

속담 알기

호랑이 없는 골에 토끼가 왕 노릇 한다: 뛰어난 사람이 없는 곳에서 보잘것없는 사람이 득세함을 비유적으로 이르는 말.
힘 많은 소가 왕 노릇 하나: 소가 아무리 크고 힘이 세다 할지라도 왕 노릇은 할 수 없다는 뜻으로, 힘만 가지고는 결코 큰일을 못하며 반드시 훌륭한 품성과 지략을 갖추어야 됨을 비유적으로 이르는 말.

5일

태연하다

마땅히 머뭇거리거나 두려워할 상황에서
태도나 기색이 아무렇지도 않은 듯이 예사롭다

시험에서 백 점을 받으면, 겉으로는 태연한 척하지만
속으로는 너무 기뻐서 하늘로 둥둥 올라갈 것 같죠?
그럴 땐 너무 태연하게 굴지 말고 밝게 웃으며 기쁨을 마음껏 표현해보세요.

예문

그러던 어느 날 구월산 아래 사는 정덕현과 우종서라는
사람이 찾아와 만나자고 하였다. 나이는 나보다
열 살 남짓 많아 보이는데, 보고 아는 것이 많은 사람이었다.
찾아온 이유를 묻자 그들은 태연하게 대답하였다.

출처: 《쉽게 읽는 백범일지》, 김구, 돌베개

**비슷한
어휘**

태연자약하다: 마음에 어떠한 충동을 받아도 움직임이 없이 천연스럽다.
천연하다: 시치미를 뚝 떼어 겉으로는 아무렇지 아니한 듯하다.

28일

곤두서다

거꾸로 꼿꼿이 서다
(비유적으로) 신경 따위가 날카롭게 긴장하다

남들이 보기엔 별것 아닌 일에 나는 곤두설 때가 있어요.
다른 사람이 어떻게 생각하느냐보다 중요한 건 내 생각이기 때문이지요.
그럴 때 내 마음을 온전히 표현하기보다는 조금씩 다스리는 연습을 해보세요.

예문

깜짝 놀라서 머리털이 곤두섰다.
신경이 곤두서 있어서 그런지 그녀는 조그만 일에도 짜증을 부렸다.

비슷한 어휘

곧추서다: 꼿꼿이 서다.

관용구 알기

밥알이 곤두서다: 아니꼽거나 비위에 거슬리다.
눈이 곤두서다: 화가 나서 눈에 독기가 오르다.

4일

성가시다

자꾸 들볶거나 번거롭게 굴어 괴롭고 귀찮다

여름밤에 산책을 나가면 날파리 떼가 성가시게 굴어요.
때로 콧구멍이나 입에 들어가기도 하고 말이에요.
어떨 때는 눈에 들어가 갑자기 앞을 보지 못하게 만들기도 한답니다.
여름은 좋은데 날파리는 너무 싫어요.

예문

저의 수다를 용서해주시기 바랍니다. 곧 나아질 거예요.
제 편지가 성가시다면 그냥 버리세요.
11월 중순까지는 편지를 쓰지 않겠습니다.

출처: 《키다리아저씨》, 진 웹스터, 삼성출판사

**비슷한
어휘**

거추장스럽다: 일 따위가 성가시고 귀찮다.
귀찮다: 마음에 들지 아니하고 괴롭거나 성가시다.

**방언
알기**

성갓다: '성가시다'의 전남 지역 방언.
시끼시다: '성가시다'의 전라 지역 방언.

29일

섬세하다

매우 찬찬하고 세밀하다

꼼꼼하고 섬세한 구석이 있는 친구라면,
자신의 장점을 살릴 수 있는 취미를 가져 보았으면 좋겠어요.
아주 작은 면도 지나치지 않고 표현해야 하는 컬러링도 좋고요,
정확하게 할수록 그 결과물이 훌륭해지는 종이접기도 훌륭한 취미가 될 거예요.

예문

나는 과제를 세심하게 검사하는 게 좋고, 고장 난 과자를 먹는 게 싫다.
일구 형은 아무래도 상관없다고 했다.
"다 똑같은 맛인데, 뭘. 너 되게 섬세하다, 태이야."
출처: 《내 친구 안토니우스》, 장미, 키다리

비슷한 어휘

꼼꼼하다: 빈틈이 없이 차분하고 조심스럽다.
치밀하다: 자세하고 꼼꼼하다.

반대말 어휘

둔하다: 감각이나 느낌이 예리하지 못하다.

3일

쾌감

상쾌하고 즐거운 느낌

바람이 시원하게 불어오는 여름 저녁,
자전거를 타고 내리막길을 씽씽 달려본 적 있나요?
그때 느껴지는 말할 수 없는 상쾌한 기분, 그게 바로 쾌감이에요!
자, 오늘은 자전거를 끌고 나가 바람이 주는 쾌감을 마음껏 느껴볼까요?

예문

어둠 속에서 교복의 흰 깃은 단박 눈에 띄게 돼 있어서
날쌔게 안으로 구겨넣고 시치미 떼고 앉았다고 누가 학생인 걸 모를까마는
세상을 감쪽같이 속여먹은 것 같은 쾌감을 맛보곤 했다.

출처:《그 많던 싱아는 누가 다 먹었을까》, 박완서, 웅진지식하우스

비슷한 어휘

쾌미: 상쾌하고 즐거운 느낌.
희열감: 기쁘고 즐거운 감정.

어휘 활용

'쾌감에 젖다, 쾌감을 느끼다, 쾌감을 맛보다' 등 '쾌감' 뒤에는 다양한 어휘를 붙여
표현할 수 있습니다.

30일

소통

막히지 아니하고 잘 통하다

소통의 핵심은 경청이에요. 더 많이, 잘 말하는 것보다 중요한 것은
상대방의 말을 통해 그 생각과 마음을 읽는 것이에요.
그리고 적절히 반응하며 그에 따른 내 의견을 전하는 것이
바로 매끄러운 소통이거든요.

예문

그건 어쩌면 우리가 강아지나 고양이와 소통하는 방법과 비슷한 것일지 몰라.
강아지와 고양이에게 의식이 있을까? 우리를 이해하고 있을까?
우리는 강아지와 고양이가 우리를 정말로 이해하는지 알지 못하지만,
얼마든지 이야기하고, 눈을 맞추고, 기분을 나누고, 소통하며 행복을 느껴.
출처: 《미래가 온다, 로봇》, 김성화·권수진, 와이즈만books

비슷한 어휘

통하다: 막힘이 없이 듣고 나다. 마음 또는 의사나 말 따위가 다른 사람과 소통되다.
나누다: 즐거움이나 고통, 고생 따위를 함께하다.

반대말 어휘

불통: 길, 다리, 철도, 전화, 전신 따위가 서로 통하지 아니함.
두절: 교통이나 통신 따위가 막히거나 끊어짐.

2일

철들다

사리를 분별하여 판단하는 힘이 생기다

"언제 철들래?"라는 말 들어본 적 있나요?
귀여운 장난을 쳤거나 순진한 질문을 했을 때
어른들이 웃으며 건네는 질문일 거예요. 철 좀 늦게 들면 어떤가요.
이미 행복하고 충분히 즐거운 걸요! 언젠가 철들겠죠?

예문

"왜 아이들은 철이 들어야만 하나요?"
사랑하는 뽀르뚜가, 저는 너무 일찍 철이 들었던 것 같습니다. 영원히 안녕히!
출처: 《나의 라임 오렌지나무》, J.M. 바스콘셀로스

비슷한 어휘

철나다: 사리를 분별하여 판단하는 힘이 생기다.
셈들다: 사물을 분별하는 판단력이 생기다.

어휘 속 어휘

철: 사리를 분별할 수 있는 힘.

7월

1일

워낙

두드러지게 아주

드디어 여름인가요? 워낙 더운 날씨 때문에
우리 친구들이 학교에서 공부하고 운동장에서 뛰어놀기도 쉽지 않았을 것 같아요.
얼마 있지 않으면 기다리던 여름방학이 시작되니 조금만 더 힘내세요!

예문

"딱따구리 소리도 솔바람 소리처럼 들어야 진짜 작가라네.
내 여덟 번째 책이 바로 딱따구리 집 앞에서 쓴 거지.
워낙 유명해서 자네도 읽었을 텐데. 『킁 손님과 국수 씨』라고."

출처: 《와우의 첫 책》, 주미경, 문학동네

**비슷한
어휘**

원체: 두드러지게 아주.
특히: 보통과 다르게.